高等职业教育"十三五"规划教材

计算机文化基础CCT考试真题解析

（第2版）

主　编　李　娅　张学娟
副主编　吕　涛　李金娥　牟芳萍　赵金兰
参　编　费敬雯　李　艳　赵延庆　许崇芳

北京理工大学出版社
BEIJING INSTITUTE OF TECHNOLOGY PRESS

版权专有 侵权必究

图书在版编目（CIP）数据

计算机文化基础 CCT 考试真题解析 / 李娅，张学娟主编. —2 版. —北京：北京理工大学出版社，2017.10（2018.9 重印）
ISBN 978-7-5682-4910-2

Ⅰ. ①计⋯ Ⅱ. ①李⋯ ②张⋯ Ⅲ. ①电子计算机–水平考试–题解 Ⅳ. ①TP3–44

中国版本图书馆 CIP 数据核字（2017）第 251164 号

出版发行 /	北京理工大学出版社有限责任公司
社　　址 /	北京市海淀区中关村南大街 5 号
邮　　编 /	100081
电　　话 /	（010）68914775（总编室）
	（010）82562903（教材售后服务热线）
	（010）68948351（其他图书服务热线）
网　　址 /	http://www.bitpress.com.cn
经　　销 /	全国各地新华书店
印　　刷 /	三河市天利华印刷装订有限公司
开　　本 /	787 毫米×1092 毫米　1/16
印　　张 /	6.5
字　　数 /	154 千字
版　　次 /	2017 年 10 月第 2 版　2018 年 9 月第 2 次印刷
定　　价 /	19.00 元

责任编辑 / 武丽娟
文案编辑 / 孟祥雪
责任校对 / 周瑞红
责任印制 / 施胜娟

图书出现印装质量问题，请拨打售后服务热线，本社负责调换

随着信息技术的发展,各行各业都需要既熟悉本专业领域知识,又能够利用计算机解决本专业领域的实际问题的专业技术人员。

本教材自 2013 年出版至今,在山东外国语职业学院的计算机文化基础课程中发挥了积极的作用。本次再版,主要更新了以下几个方面的内容:

1. 教学内容更新为 Windows 7 操作系统和 Office 2010,这与目前山东省高校非计算机专业学生计算机等级考试(CCT)内容契合。

2. 本教材新增了 CCT 考试的操作题部分,并且提供了操作题讲解视频的二维码。

3. 客观题中的每道题都给出了参考答案和试题解析,方便学生课下学习。

题库建设是一个系统的工程,特别感谢山东外国语职业学院何集体院长、教务处刘伟处长、信息工程学院秦朋院长及校企合作单位山东展望信息科技有限公司、山东海右软件服务有限公司各位同人的大力支持。在这里特别感谢张学娟、吕涛、牟芳萍、赵金兰、费敬雯、李艳、赵延庆、许崇芳、杨莉、张丹和李金娥为本书的出版所做的工作。

限于编者的水平,书中难免存在疏漏之处,恳请使用者批评指正,以便本书再次修订时得到完善和提高。

编　者

目录

第 1 章 信息技术与计算机文化 ·· 1
第 2 章 Windows 7 操作系统 ·· 16
第 3 章 字处理软件 Word 2010 ·· 22
第 4 章 电子表格系统 Excel 2010 ·· 26
第 5 章 演示文稿软件 PowerPoint 2010 ······································ 30
第 6 章 数据库技术与 Access ·· 33
第 7 章 计算机网络及网页制作 ·· 35
第 8 章 数字多媒体技术基础 ·· 47
第 9 章 信息安全 ·· 49
第 10 章 CCT 考试操作题 ·· 57
    10.1 Windows 7 操作系统 ·· 57
    10.2 字处理软件 Word 2010 ·· 62
    10.3 电子表格系统 Excel 2010 ·· 70
    10.4 演示文稿软件 PowerPoint 2010 ······································ 79
    10.5 计算机网络及网页制作 ·· 82
    10.6 数字多媒体技术基础 ·· 88
    10.7 信息安全 ·· 90

信息技术与计算机文化

1. 有关信息与数据之间的联系，下列说法错误的是_____。
   A. 数据是反映客观事物属性的记录，是信息的载体
   B. 数据可表示信息，而信息只有通过数据形式表示出来才能被人们理解和接受
   C. 数据是有用的信息，信息是数据的表现形式
   D. 信息是数据的内涵，是对数据语义的解释

   答案：C

   解析：数据是信息的具体表现形式。

2. 在计算机信息表示中，bit 的意思是_____。
   A. 字节　　　　　B. 字长　　　　　C. 二进制位　　　　　D. 字

   答案：C

   解析：在计算机信息表示中，bit 的意思是二进制位。

3. 只要将组成该软件系统的所有文件复制到本机的硬盘，然后双击主程序就可以运行的软件称为_____。
   A. 免费软件　　　　B. 绿色软件　　　　C. 非绿色软件　　　　D. 系统软件

   答案：B

   解析：只要将组成该软件系统的所有文件复制到本机的硬盘，然后双击主程序就可以运行的软件称为绿色软件。

4. 在计算机领域中，ROM 指的是_____。
   A. 随机存储器　　　B. 软盘存储器　　　C. 硬盘存储器　　　D. 只读存储器

   答案：D

   解析：在计算机领域中，ROM 指的是只读存储器。

5. 计算机采用二进制数的最主要理由是_____。
   A. 数据输入输出方便　　　　　　　B. 存储信息量大
   C. 易于用电子元件表示　　　　　　D. 容易和八进制、十六进制转换

   答案：C

   解析：计算机采用二进制数的最主要理由是其系统简单稳定，物理实现容易，易于用电子元件表示。

6. 微机配置的"处理器PentiumIII/667"中，数字667表示_____。
   A. 处理器与内存间的数据交换速率是667 KB/s
   B. 处理器的时钟主频是667 MHz
   C. 处理器的运算速度是667 MIPS
   D. 处理器的产品设计系列号是第667号

答案：B

解析：数字667表示处理器的时钟主频是667 MHz。

7. HDMI的中文名为高清晰度多媒体接口（High Definition Multimedia Interface，HDMI），是一种高速的全数字化图像和声音传送接口，是适合影像传输的专用型数字化接口，可同时传送音频和影音信号，下列接口属于HDMI接口的是_____。

A.

B.

C.

D.

答案：D

解析：选项D接口属于HDMI接口。

8. 在计算机的应用领域，CAD的中文全称是_____。
   A. 计算机辅助设计　　　　　　B. 计算机辅助教学
   C. 计算机辅助教育　　　　　　D. 计算机辅助制造

答案：A

解析：CAD的中文全称是计算机辅助设计。

9. 软件是指使计算机运行所需的_____的统称。
   A. 程序、数据和文档　　　　　B. 指令和数据
   C. 设备和技术　　　　　　　　D. 规则和制度

答案：A

解析：软件是指使计算机运行所需的程序、数据和文档的统称。

10. 关于信息技术叙述正确的是_____。
    A. 信息技术对人们的工作、学习和生活有积极的影响，没有负面作用
    B. 信息技术是进入21世纪后才产生的一种新的高科技技术
    C. 通常所说的"IT产业"中的IT，指的就是信息技术
    D. 信息技术实际上就是计算机技术

答案：C

解析：IT是Information Technology英文的缩写，全称含义为"信息技术"。

11. 计算机软件系统包括系统软件和_____。
    A. 网络软件　　　　　　　　　B. 计算机语言
    C. 应用软件　　　　　　　　　D. 操作系统

答案：C

解析：计算机软件系统包括系统软件和应用软件。

12. 在计算机内，一切信息存取、传输都是以_____形式进行的。

   A. 二进制码　　　B. 十六进制　　　C. ASCII 码　　　D. BCD 码

答案：A

解析：在计算机内，一切信息存取、传输都是以二进制码形式进行的。

13. 有关第一台计算机 ENIAC 的下列说法，正确的是_____。

   A. 伴随着第一台电子计算机 ENIAC 的诞生，出现了世界上最早的操作系统
   B. 第一台电子计算机 ENIAC 体积庞大，主要的电子元件是晶体管
   C. 第一台电子计算机采用了二进制和存储程序思想
   D. 第一台电子计算机不像现在的计算机，没有键盘、鼠标等输入设备，人们通过操作各种开关向计算机输入信息

答案：D

解析：第一台电子计算机 ENIAC 体积庞大，主要的电子元件是真空电子管。

14. 计算机发展的方向是巨型化、微型化、网络化、智能化，其中，巨型化是指计算机的_____。

   A. 体积大
   B. 重量重
   C. 功能更强、速度更高、存储容量更大
   D. 外部设备更多

答案：C

解析：计算机发展的方向巨型化是指功能更强、速度更高、存储容量更大。

15. 计算机主板，也叫系统板或母板。主板上装有组成电脑的主要电路系统，是计算机硬件系统的核心。在下图所示的主板部件 6，可以连接的设备是_____。

   A. U 盘（USB）　　　　　　　　　　B. 光驱（PATA）
   C. 数码摄像机　　　　　　　　　　D. 硬盘（SATA）

答案：D

解析：部件 6 是硬盘（SATA）接口。

16. 在计算机领域中，ALU 指的是_____。

A. 输入控制单元　　　　　　　　　　B. 算术逻辑单元
C. 输出控制单元　　　　　　　　　　D. 存储控制单元

答案：B

解析：在计算机领域中，ALU指的是算术逻辑单元。

17. 计算机在存储数据时，把2的50次方个存储单元记作1_____B。
    A. P　　　　　B. M　　　　　C. G　　　　　D. T

答案：A

解析：1 KB（Kilobyte 千字节）=1 024 B，

1 MB（Megabyte 兆字节 简称"兆"）=1 024 KB，

1 GB（Gigabyte 吉字节 又称"千兆"）=1 024 MB，

1 TB（Trillionbyte 万亿字节 太字节）=1 024 GB，

1 PB（Petabyte 千万亿字节 拍字节）=1 024 TB，

1 EB（Exabyte 百亿亿字节 艾字节）=1 024 PB，

1 ZB（Zettabyte 十万亿亿字节 泽字节）=1 024 EB，

1 YB（Yottabyte 一亿亿亿字节 尧字节）=1 024 ZB，

1 BB（Brontobyte 一千亿亿亿字节）=1 024 YB，

其中1 024=2^10（2的10次方）。

18. 有关信息与数据之间的联系，下列说法错误的是_____。
    A. 数据是有用的信息，信息是数据的表现形式
    B. 数据可表示信息，而信息只有通过数据形式表示出来才能被人们理解和接受
    C. 信息是数据的内涵，是对数据语义的解释
    D. 数据是反映客观事物属性的记录，是信息的载体

答案：A

解析：数据是信息的表现形式。

19. 计算机操作系统的主要功能是_____。
    A. 进行数据处理
    B. 把程序转换为目标程序
    C. 管理系统所有的软、硬件资源
    D. 实现软、硬件转换

答案：C

解析：操作系统（Operating System，OS）是管理和控制计算机硬件与软件资源的计算机程序，是直接运行在"裸机"上的最基本的系统软件，任何其他软件都必须在操作系统的支持下才能运行。

20. 1 PB的含义是_____。
    A. 1 044 GB　　　B. 1 024 TB　　　C. 1 044 MB　　　D. 1 000 TB

答案：B

解析：1 PB=1 024 TB。

21. 在汉字系统中，拼音码和五笔字型码等统称为_____。
    A. 内码（机内码）　　　　　　　　B. 外码（输入码）

C. 交换码 D. 字形码

答案：B

解析：汉字输入码，也称为汉字外部码（外码）。

22. 在计算机的应用领域，计算机辅助教学指的是_____。

    A. CAT   B. CAI   C. CAM   D. CAD

答案：B

解析：计算机辅助教学的英文全称为 Computer Aided Instruction，简称为 CAI。

23. 计算机的硬件系统由五大部分组成，其中输入设备的功能是_____。

    A. 完成指令的翻译，并产生各种控制信号，执行相应的指令
    B. 完成算术运算和逻辑运算
    C. 将要计算的数据和处理这些数据的程序转换为计算机能够识别的二进制代码
    D. 将计算机处理的数据、计算结果等内部二进制信息转换成人们习惯接受的信息形式

答案：C

解析：输入设备的功能是将要计算的数据和处理这些数据的程序转换为计算机能够识别的二进制代码。

24. 在计算机领域中，通常用 MIPS 来描述计算机的_____。

    A. 存储容量   B. 主频   C. 字长长度   D. 运算速度

答案：D

解析：MIPS 表示每秒百万条指令。

25. 人们把以_____为主要逻辑元件的计算机称为第二代计算机。

    A. 大规模集成电路   B. 电子管
    C. 集成电路   D. 晶体管

答案：D

解析：第一代电子管，第二代晶体管，第三代集成电路，第四代大规模集成电路。

26. 关于信息技术叙述错误的是_____。

    A. 传感技术、计算机技术、通信技术和网络技术都属于信息技术的范畴
    B. 信息技术对人们的工作、学习和生活有积极的影响，没有负面作用
    C. 信息技术是信息社会的基础
    D. 信息技术是指人们获取、存储、传递、处理、开发和利用信息资源的相关技术

答案：B

解析：信息技术也存在负面作用，该选项的说法过于绝对。

27. 人们习惯于在数后面加上对应进制英文字母来表示其前面的数所采用的数制，八进制用_____表示。

    A. 字母 H   B. 字母 O   C. 字母 B   D. 字母 D

答案：B

解析：八进制用字母 O 表示，二进制用字母 B 表示，十进制用字母 D 表示，十六进制用字母 H 表示。

28. 在计算机领域中，鼠标器是一种_____。

    A. 存储器   B. 运算控制单元   C. 输入设备   D. 输出设备

答案：C

解析：鼠标是一种输入设备。

29. 计算机主板，也叫系统板或母板。主板上装有组成电脑的主要电路系统，是计算机硬件系统的核心。在下图所示的主板部件中，方便用户自己安装的部件是_____。

  A. 部件 1　　　　B. 部件 11　　　　C. 部件 5　　　　D. 部件 10

答案：D

解析：部件 10 为内存插槽，方便用户自己安装。

30. 有关第一台计算机 ENIAC 的下列说法，正确的是_____。

  A. 第一台电子计算机 ENIAC 的管理和操作，是通过人工方式，而不是操作系统进行的

  B. 第一台电子计算机同现在的计算机一样，也有键盘、鼠标等常用的输入设备

  C. 第一台电子计算机采用了二进制和存储程序思想

  D. 第一台电子计算机 ENIAC 体积庞大，主要的电子元件是晶体管

答案：A

解析：第一台电子计算机 ENIAC 的管理和操作，是通过人工方式，而不是操作系统进行的。它没有今天的键盘、鼠标等设备，人们只能通过扳动庞大面板上的无数开关向计算机输入信息，主要的电子元件是真空电子管。

31. 关于计算机中使用的软件，叙述错误的是_____。

  A. 软件凝结着专业人员的劳动成果

  B. 软件像书籍一样，借来复制一下不会损害他人

  C. 未经软件著作权人的同意复制其软件是侵权行为

  D. 软件如同硬件一样，也是一种商品

答案：B

解析：B 项侵犯了软件著作权人的软件著作权。

32. 下列有关软件的说法中，正确的是_____。

  A. Windows 是广泛使用的应用软件之一

  B. 计算机程序就是软件

C. 计算机软件系统包括系统软件和应用软件

D. 为节省资金，可对所有软件进行随意复制，不需要购买

答案：C

解析：软件包括计算机运行所需的程序、数据和有关文档的总和。

33. 下列汉字输入码中，_____属于音码。

  A. 自然码   B. 大众码

  C. 智能 ABC 码   D. 五笔字型码

答案：C

解析：智能 ABC 码借助汉语拼音编码，属于音码。

34. 在计算机的应用领域，办公自动化（OA）是计算机的一项应用。按计算机应用分类，它应属于_____。

  A. 科学计算   B. 数据处理   C. 实时控制   D. 辅助设计

答案：B

解析：信息管理是非数值形式的数据处理，已广泛应用于办公自动化、事务处理等领域。

35. 在信息化社会中，人们把_____称为构成世界的三大要素。

  A. 信息、物质、能源   B. 精神、物质、知识

  C. 物质、能量、知识   D. 财富、能量、知识

答案：A

解析：在信息社会中，信息成为与物质和能源同等重要的第三资源。

36. 计算机存储器可分为_____和辅助存储器。

  A. 外存   B. 大容量存储器   C. 外部存储器   D. 内存

答案：D

解析：存储器分为内存储器和外存储器两大类，简称内存和外存。内存储器又称为主存储器，外存储器又称为辅助存储器。

37. 计算机主板，也叫系统板或母板。主板上装有组成电脑的主要电路系统，是计算机硬件系统的核心。在下图所示的主板部件中，北桥芯片指的是_____。

  A. 部件 12   B. 部件 11   C. 部件 5   D. 部件 1

答案：B

解析：图中，靠近 CPU 风扇的为北桥芯片。

38. 第四代计算机，采用的电子器件为_____。
    A. 集成电路　　　　　　　　　　B. 电子管
    C. 大规模或超大规模集成电路　　D. 晶体管

答案：C

解析：第四代超大规模集成电路计算机的主要逻辑元件是大规模或超大规模集成电路。

39. 在计算机中，一个字节所包含二进制的位数是_____。
    A. 16　　　　B. 8　　　　C. 2　　　　D. 4

答案：B

解析：字节来自英文 byte，简记为 B，1 B=8 bit。

40. 下列有关软件的说法中，正确的是_____。
    A. 软件也有版权，对版权保护的软件不可随意复制使用
    B. 计算机软件系统包括操作系统和应用软件
    C. Windows 是广泛使用的应用软件之一
    D. 软件是计算机运行所需的各种程序的总称

答案：A

解析：B 项计算机软件系统包括系统软件和应用软件；C 项 Windows 属于系统软件；D 项软件是指使计算机运行所需的程序、数据和有关文档的总和。

41. 下列四个不同数制表示的数中，数值最大的是_____。
    A. $(219)_{10}$　　　　　　　　　B. $(DA)_{16}$
    C. $(11011101)_2$　　　　　　　D. $(334)_8$

答案：C

解析：把各项都转换为十进制数进行比较，B 项为 218，C 项为 221，D 项为 220。

42. 在计算机应用领域，CAI 的中文全称是_____。
    A. 计算机辅助设计
    B. 计算机辅助教学
    C. 计算机辅助制造
    D. 计算机辅助教育

答案：B

解析：A 项计算机辅助设计简称为 CAD，C 项计算机辅助制造简称为 CAM，D 项计算机辅助教育简称为 CBE。

43. 计算机主板，也叫系统板或母板。主板上装有组成电脑的主要电路系统，是计算机硬件系统的核心。在下图所示的主板部件中，主板的电源接口指的是_____。
    A. 部件 10　　　　　　　　　　B. 部件 7 或部件 8
    C. 部件 9　　　　　　　　　　　D. 部件 6

答案：C

解析：主板上长方形的插槽就是电源接口。

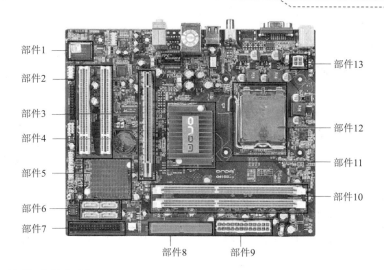

44. 计算机软件系统包括_____。

　　A. 系统软件和应用软件

　　B. 操作系统、应用软件和网络软件

　　C. 操作系统和网络软件

　　D. 客户端应用软件和服务器端系统软件

答案： A

解析： 计算机软件系统包括系统软件和应用软件。

45. 在当前计算机领域中，有关计算机的性能指标，下列说法正确的_____。

　　A. 存取周期越短，计算精度越高

　　B. 字长越长，计算精度越高

　　C. 内存容量越大，计算精度越高

　　D. 主频越高，计算精度越高

答案： D

解析： 主频越高，计算精度越高。

46. 计算机在存储数据时，把 2 的 30 次方个存储单元记作 1_____B。

　　A. G　　　　　　B. K　　　　　　C. T　　　　　　D. M

答案： A

解析： $1\text{ KB} = 2^{10}\text{ B} = 1\,024\text{ B}$　　　　$1\text{ MB} = 2^{20}\text{ B} = 1\,024\text{ KB}$

　　　　$1\text{ GB} = 2^{30}\text{ B} = 1\,024\text{ MB}$　　　　$1\text{ TB} = 2^{40}\text{ B} = 1\,024\text{ GB}$。

47. 计算机的硬件系统由五大部分组成，其中运算器的功能是_____。

　　A. 完成指令的翻译，并产生各种控制信号，执行相应的指令

　　B. 完成算术运算和逻辑运算

　　C. 将要计算的数据和处理这些数据的程序转换为计算机能够识别的二进制代码

　　D. 将计算机处理的数据、计算结果等内部二进制信息转换成人们习惯接受的信息形式

答案： B

解析： 运算器的功能是完成算术运算和逻辑运算。

48. 计算机之所以具有精确性高的特点，是因为计算机_____。
    A. 存储容量大   B. 工作自动化
    C. 采用了二进制   D. 运算速度快

答案：B

解析：计算机之所以具有精确性高的特点，是因为计算机工作自动化。

49. 在计算机的应用领域，计算机辅助工程指的是_____。
    A. CAD   B. CAT   C. CAM   D. CAE

答案：D

解析：在计算机的应用领域，计算机辅助工程指的是 CAE。

50. 以下不可以用作承载信息的载体是_____。
    A. 汽车   B. 视频影像   C. 声音   D. 文字

答案：A

解析：数据是信息的载体，而数据既可以是文字、字母和数字，又可以是图形、图像、音频和视频等。

51. CPU 上的标记"Intel 酷睿 i7/2.4 GHz"中，2.4 GHz 指的是_____。
    A. CPU 时钟频率   B. CPU 的字长
    C. CPU 的内核数   D. CPU 运算速度

答案：A

解析：时钟频率也称主频。

52. 计算机在存储数据时，把 2 的 10 次方个存储单元记作 1_____B。
    A. T   B. K   C. G   D. M

答案：B

解析：1 KB = 2^{10} B = 1 024 B   1 MB = 2^{20} B = 1 024 KB
      1 GB = 2^{30} B = 1 024 MB   1 TB = 2^{40} B = 1 024 GB。

53. 在计算机的应用领域，计算机辅助制造指的是_____。
    A. CAI   B. CAD   C. CAT   D. CAM

答案：D

解析：CAD 指计算机辅助设计，CAI 指计算机辅助教学，CAT 指计算机辅助测试。

54. 计算机的硬件系统由五大部分组成，其中控制器的功能是_____。
    A. 完成指令的翻译，并产生各种控制信号，执行相应的指令
    B. 完成算术运算和逻辑运算
    C. 将计算机处理的数据、计算结果等内部二进制信息转换成人们习惯接受的信息形式
    D. 将要计算的数据和处理这些数据的程序转换为计算机能够识别的二进制代码

答案：A

解析：其作用是一方面向各个部件发出执行命令；另一方面接收执行部件向控制器发送的反馈信息。

55. 计算机主板，也叫系统板或母板。主板上装有组成电脑的主要电路系统，是计算机硬件系统的核心。在下图所示的主板部件中，内存（RAM）插槽指的是_____。

  A．部件 2   B．部件 6   C．部件 10   D．部件 3

答案：A

解析：内存（RAM）插槽指的是部件 2。

56．世界上第一台电子计算机是 1946 年在美国研制成功的，其英文缩写是_____。

  A．ENIAC   B．MARK   C．EDSAC   D．EDVAC

答案：A

解析：第一台真正意义上的计算机 ENIAC 在美国的宾夕法尼亚大学正式投入使用。

57．天气预报、市场信息都会随时间的推移而变化，这体现了信息的_____。

  A．共享性   B．必要性   C．时效性   D．载体依附性

答案：C

解析：时效性是信息的基本属性。

58．计算机软件系统包括应用软件和_____。

  A．系统软件   B．计算机语言   C．操作系统   D．语言处理程序

答案：A

解析：计算机软件系统包括应用软件和系统软件。

59．在计算机的应用领域，计算机辅助设计指的是_____。

  A．CAT   B．CAM   C．CAD   D．CAI

答案：C

解析：CAD，Computer Aided Design（计算机辅助设计）。

60．下列属于关系基本运算的是_____。

  A．并、差、交   B．连接、查找

  C．选择、投影   D．选择、排序

答案：B

解析：专门的关系运算包括：选择、投影和连接。交、并和差是传统的集和运算。笛卡儿积是指联系两个关系中的所有元组都进行一次新的组合，属性的数目等于原来两个属性数目的和，元组数等于原来两个关系元组数的积。

61．电子计算机技术在半个世纪中虽有很大进步，但至今其运行仍遵循着一位科学家提

出的基本原理，他就是_____。
  A. 冯·诺依曼   B. 图灵
  C. 爱迪生   D. 布尔
答案：A
解析：数据是信息的具体表现形式。

62. 计算机在存储数据时，把 2 的 40 次方个存储单元记作 1_____B。
  A. G B. T C. K D. M
答案：B
解析：1 TB=2 的 40 次方 B。

63. 在下列叙述中，正确的是_____。
  A. 软盘中的信息可以直接被 CPU 处理
  B. 内存中的信息可以直接被 CPU 处理
  C. U 盘中的信息可以直接被 CPU 处理
  D. 硬盘中的信息可以直接被 CPU 处理
答案：B
解析：CPU 从 RAM 中既可读又可写信息，断电后信息就会消失。

64. 我们常说的"IT"是_____的简称
  A. 手写板 B. 信息技术 C. 因特网 D. 输入设备
答案：B
解析：IT 全称 internet Technology，指的是信息技术；因特网的英文 Internet；输入设备的英文 Input Device。

65. 对于计算机的分类，下列计算机是按照计算机规模、速度和功能等划分的是_____。
  A. 模拟计算机   B. 小型计算机
  C. 通用计算机   D. 专用计算机
答案：B
解析：A 是按照处理的对象划分的，B 是按照计算机的规模划分的，C、D 是按照计算机的用途划分的。

66. 在计算机软件系统中，下列选项属于系统软件的是_____。
  A. 解释程序   B. 人事档案管理系统
  C. 办公自动化软件   D. 医院信息化管理系统
答案：A
解析：B、C、D 是应用软件，系统软件指操作系统、语言处理程序、数据库管理系统和支撑服务软件，A 是其中一种语言处理程序。

67. 计算机主板，也叫系统板或母板。主板上装有组成电脑的主要电路系统，是计算机硬件系统的核心。在下图所示的主板部件中，负责实现与 CPU、内存、AGP 接口之间的数据传输的芯片指的是_____。

第 1 章 信息技术与计算机文化

  A. 部件 5   B. 部件 1   C. 部件 11   D. 部件 12

答案：C

解析：部件 11 是北桥芯片，图示的北桥芯片上面有个散热器。北桥芯片的功能是负责实现与 CPU、内存、AGP 接口之间的数据传输。

68. 计算机系统中，"位"的描述性定义是_____。

  A. 通常由 8 位二进制位组成，可代表一个数字、一个字母或一个特殊符号，也常用来量度计算机存储容量的大小

  B. 把计算机中的每一个汉字或英文单词分成几个部分，其中的每一部分叫一个字节

  C. 计算机系统中，在存储、传送或操作时，作为一个单元的一组字符或一组二进制位

  D. 度量信息的最小单位，是一位二进制位所包含的信息量

答案：D

解析：位，也叫 bit，是计算机存储数据的最小单位，A 答案指的是字节；B 答案中存储汉字和英文不是按照部分划分的，在计算机中汉字占 2 个字节，英文占 1 个字节，1 个字节等于 8 b；C 中存储、传送不是以 b 为单位，跟计算机的字长有关。

69. 在计算机的应用领域，CAI 的中文全称是_____。

  A. 计算机辅助教学   B. 计算机辅助教育

  C. 计算机辅助制造   D. 计算机辅助设计

答案：A

解析：计算机辅助教学 CAI，计算机辅助教育 CBE，计算机辅助制造 CAM，计算机辅助设计 CAD。

70. 冯·诺依曼计算机的五大基本组成是_____、存储器、控制器、输入设备和输出设备。

  A. 运算器   B. 显示器   C. 键盘   D. 硬盘

答案：A

解析：计算机的五大基本组成是运算器、存储器、控制器、输入设备和输出设备。

71. 以下关于信息的说法正确的是_____。

  A. 只有以书本的形式才能长期保存信息

  B. 计算机以数字化的方式对各种信息进行处理

C. 信息的数字技术已逐步被模拟化技术所取代
D. 数字信号比模拟信号易受干扰而导致失真

答案：B

解析：计算机以数字化的方式对各种信息进行处理。

72. 一般说来，要求声音的质量越高，则_____。
   A. 量化位数越少和采样频率越高
   B. 量化位数越多和采样频率越高
   C. 量化位数越多和采样频率越低
   D. 量化位数越少和采样频率越低

答案：B

解析：采样频率表示每秒钟内采样的次数；量化位数反映声音的精度，所以量化位数越多，采样频率越高，声音质量越高，答案为B。

73. 计算机主板，也叫系统板或母板。主板上装有组成电脑的主要电路系统，是计算机硬件系统的核心。在下图所示的主板部件6，可以连接的设备是_____。

   A. U盘（USB）
   B. 数码摄像机
   C. 硬盘（SATA）
   D. 光驱（PATA）

答案：C

解析：部件6，可以连接的设备是硬盘（SATA）。

74. 系统软件中最重要的是_____。
   A. 程序设计语言
   B. 语言处理程序
   C. 操作系统
   D. 数据库管理系统

答案：C

解析：系统软件中最重要的是操作系统。

75. 下列计算机术语中，属于显示器性能指标的是_____。
   A. 可靠性
   B. 速度
   C. 分辨率
   D. 精度

答案：C

解析：分辨率属于显示器性能指标。

76. 在计算机的应用领域，下列应用属于人工智能领域的是_____。
   A. 表格处理
   B. 自动定理证明
   C. 文字处理
   D. 演示文稿制作

答案: B

解析: 计算机应用领域主要研究智能机器所执行的通常与人类智能有关的功能,如判断、推理、证明、识别、感知、理解、设计、思考、规划、学习和问题求解等思维活动。

77. 关于计算机硬盘属性对话框中设置的相关任务,下列说法错误的是_____。

  A. 可以进行碎片整理   B. 可以清理使用过的临时文件

  C. 可以检查磁盘错误   D. 不可以更新硬盘的驱动程序

答案: D

解析: 可以更新硬盘的驱动程序。

Windows 7 操作系统

1. 通常，Windows 操作系统是根据文件的_____来区分文件类型的。
   A. 扩展名　　　　B. 主名　　　　C. 打开方式　　　　D. 创建方式
   答案：A
   解析：文件名由主文件名和扩展名组成，扩展名表示文件的类型。
2. 控制面板是_____。
   A. 计算机内存中的一块存储区域　　　　B. 计算机硬盘上的一个文件夹
   C. 系统管理程序的集合　　　　D. 计算机中的一个硬件
   答案：C
   解析：控制面板是 Windows 7 操作系统自带的查看及修改系统设置的图形化工具，通过这些实用程序可以更改系统的外观和功能。
3. 下列关于打印机设置的说法中不正确的是_____。
   A. 要使打印机正常工作，必须安装打印机驱动程序
   B. 在一台计算机上可以安装多台打印机驱动程序
   C. 安装打印机驱动程序时，打印机必须连在计算机上
   D. 安装多台打印机时，其中一台称为默认打印机
   答案：C
   解析：安装打印机驱动程序时，计算机不需要连接到打印机上。
4. 下列_____不属于文件的属性。
   A. 存档　　　　B. 只写　　　　C. 只读　　　　D. 隐藏
   答案：B
   解析：文件的属性有只读、隐藏、存档、索引、压缩、加密等，没有只写属性。
5. 如果用户想直接删除选定的文件或文件夹而不是移到回收站，可以先按下_____键不放，然后再单击"删除"。
   A. Ctrl　　　　B. Alt　　　　C. Shift　　　　D. Esc
   答案：A
   解析：略。
6. 在 Windows 7 的桌面空白处右击，选择"排序方式"后，下列_____不会出现。

A．修改日期　　　B．大小　　　C．项目类型　　　D．修改时间

答案：D

解析：修改时间不会出现。

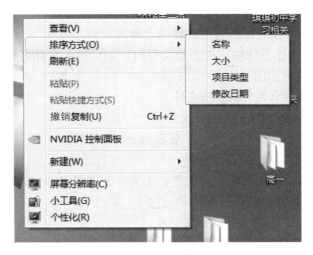

7．Windows 7 的桌面是指_____。

　　A．应用程序窗口　　　　　　　B．放置显示器的工作台

　　C．显示器上显示的整个屏幕区域　D．放置计算机的工作台

答案：C

解析：桌面是用户与计算机交互的工作窗口。

8．系统软件中最重要的是_____。

　　A．语言处理程序　　　　　　　B．程序设计语言

　　C．数据库管理系统　　　　　　D．操作系统

答案：D

解析：操作系统是配置在计算机平台上最重要的软件系统。

9．"录音机"是 Windows 7 提供给用户的一种具有语音录制功能的工具，使用它可以收录用户自己的声音，录制的声音文件的扩展名为_____。

　　A．.avi　　　B．.mp3　　　C．.midi　　　D．.wav

答案：D

解析：录制的声音文件默认的扩展名为.wav。

10．关于"记事本"，下列描述中正确的是_____。

　　A．"记事本"是仅供手写笔输入文字时使用的特定软件

　　B．"记事本"是应用软件

　　C．利用"记事本"可以创建任意文件

　　D．"记事本"是系统软件

答案：B

解析："记事本"属于应用软件。

11．关于 Windows 回收站，下列说法中错误的是_____。

　　A．在回收站中再次删除文件，将彻底删除

B. 回收站是内存中的一块存储区域

C. 回收站中的文件可以还原到原来的位置

D. 文件的删除可不经回收站直接删除

答案：B

解析：回收站是一个存放在磁盘中的特殊文件夹。

12. 在 Windows 7 操作系统中，在查找文件时，如果输入文件名*.bmp，表示_____。

A. 查找所有的位图图像文件

B. 查找一个文件名为*.bmp 的文件

C. 查找主文件名为 bmp 的所有文件

D. 查找主文件名为一个字符，扩展名为.bmp 的文件

答案：D

解析：在 Windows 7 操作系统中，文件名是文件在磁盘中唯一的标识。

13. 下列关于文件名的说法中错误的是_____。

A. 文件名中可以包括空格和英文句号

B. 文件名由主文件名和扩展名两部分组成

C. 主文件名和扩展名之间用英文句号分隔，但一个文件名只能有一个英文句号

D. 从 Windows 95 开始放宽了对文件名的限制，组成文件名的字符数最多可达 255 个

答案：D

解析：文件名由主文件名和扩展名两部分组成，主文件名和扩展名之间用英文句号分隔，一个文件名可以有多个英文句号。

14. Windows 附件中的"画图"程序默认的位图文件的扩展名为_____。

A. .gif   B. .tif   C. .jpg   D. .bmp

答案：D

解析：用户可以使用画图工具绘制黑白或彩色的图形，并将这些图形存为位图文件（.bmp 文件）。

15. 在 Windows 7 中，关于应用程序窗口中的滚动条，下列描述中不正确的是_____。

A. 当窗口显示的内容既超高又超宽时，垂直滚动条和水平滚动条一定都有

B. 当窗口显示的内容超宽时，一定有滚动条

C. 当窗口显示的内容超高时，一定有垂直滚动条

D. 滚动条和窗口显示内容有关，当显示某些特定内容时，才会出现滚动条

答案：D

解析：用户区域显示的文档超出显示窗口时就会出现滚动条。

16. 在 Windows 7 中，通过_____，可修改文件关联。

A. 打开计算机配置，在本地组策略中单击软件设置

B. 在桌面上右击，选择"管理"，在"计算机管理"左窗格中选择"文件设置"，在右窗格中可以修改设置

C. 打开"控制面板"→"程序"→"默认程序"，然后单击设置关联

D. 打开"计算机"，选择"工具"→"选项"，选择关联标签

答案：C

解析：C 不能实现对文件关联的修改。

17. 在 Windows 7 的"资源管理器"窗口中，选择好文件或文件夹后，_____操作不能将所选定的文件或文件夹删除（在系统的默认状态下）。

    A. 用鼠标右键单击该文件或文件夹，在打开的快捷菜单中选择"删除"命令

    B. 执行"文件"菜单中的"删除"命令

    C. 按键盘上的 Delete 键或 Del 键

    D. 用鼠标左键双击该文件或文件夹

答案：D

解析：略。

18. 在 Windows 7 中，当搜索文件或文件夹时，输入 A*.*，表示_____。

    A. 搜索扩展名为 A 的所有文件或文件夹

    B. 搜索所有文件或文件夹

    C. 搜索名字第一个字符为 A 的所有文件或文件夹

    D. 搜索主名为 A 的所有文件或文件夹

答案：C

解析：输入 A*.*，就是搜索文件名以 A 开头的所有文件。

19. 下列关于快捷方式的说法中错误的是_____。

    A. 可以将快捷方式放置在桌面、"开始"菜单和文件夹中

    B. 删除快捷方式后，初始项目也一起被从磁盘中删除

    C. 快捷方式是到计算机或网络上任何可访问的项目的连接

    D. 快捷方式是一种无须进入安装位置即可启动常用程序或打开文件、文件夹的方法

答案：B

解析：删除了快捷方式还可以通过"我的电脑"去找到目标程序，去运行目标程序。

20. 下面关于"系统更新"的说法中正确的是_____。

    A. 系统更新后，计算机可以免受计算机病毒的攻击

    B. 系统更新等于安装了最新版本的操作系统

    C. 系统更新是要付费的，否则是一种盗版行为

    D. 之所以要系统更新，是因为操作系统有不完善的地方

答案：D

解析：操作系统因为有不完善的地方，所以需要更新。

21. 下列_____不属于文件的属性。

    A. 存档   B. 只读   C. 隐藏   D. 只写

答案：D

解析：文件的属性有只读、隐藏和存档。

22. 下列操作中不能完成文件的移动的是_____。

    A. 用"剪切"和"粘贴"命令

    B. 在"资源管理器"右窗口选定要移动的文件，按下 Shift 键不放，然后用鼠标将选定的文件从右窗口拖动到左窗口目标文件夹上

    C. 在"资源管理器"右窗口选定要移动的文件，按住鼠标左键拖动到左窗口不同逻

辑盘上的目标文件夹上

D. 在"资源管理器"右窗口选定要移动的文件，按住鼠标右键拖动到左窗口相同目标盘上的目标文件夹上，选择快捷菜单中的"移动到当前位置"

答案： C

解析： C 选项是复制，不是移动。

23. 当一个应用程序窗口被最小化后，该应用程序的状态是_____。
   A. 保持最小化前的状态　　　　　　B. 被转入后台运行
   C. 继续在前台运行　　　　　　　　D. 被中止运行

答案： C

解析： 一个应用程序窗口被最小化后，继续在前台运行，比如最小化的视频文件。

24. 下列关于使用磁盘碎片工具整理文件碎片的叙述正确的是_____。
   A. 合并磁盘上的空闲空间
   B. 对整理后的文件读出时间比整理前的读出时间长
   C. 保证了文件的存储和磁盘空闲空间的连续性
   D. 将碎片收集起来，形成可以使用的完整的空间

答案： A

解析： 磁盘碎片整理，就是通过系统软件或者专业的磁盘碎片整理软件对电脑磁盘在长期使用过程中产生的碎片和凌乱文件重新整理，可提高电脑的整体性能和运行速度。

25. 在 Windows 7 中，若要复制整个屏幕到剪贴板，则可以按_____。
   A. Ctrl+PrintScreen 键　　　　　　B. Shift+ PrintScreen 键
   C. Alt+ PrintScreen 键　　　　　　D. PrintScreen 键

答案： D

解析： PrintScreen 键为全屏复制快捷键。

26. 若在某菜单项的右端有一个"▶"符号，则表示该菜单项_____。
   A. 不可执行　　　　　　　　　　　B. 有下级子菜单
   C. 可以立即执行　　　　　　　　　D. 单击后会打开一个对话框

答案： B

解析： "▶"符号表示该菜单项有下级子菜单。

27. Windows 7 的菜单栏中，表明单击此菜单会打开一个对话框的标记是_____。
   A. "√"标记　　　　　　　　　　　B. "▲"标记
   C. "●"标记　　　　　　　　　　　D. "…"标记

答案： D

解析： "…"标记表明单击此菜单会打开一个对话框。

28. 下面关于 Windows 操作系统更新说法中正确的是_____。
   A. 之所以系统可以更新是因为操作系统存在漏洞
   B. 所有的更新应及时下载安装，否则会系统崩溃
   C. 系统更新后，可以不再受病毒的攻击
   D. 系统更新只能从微软网站下载补丁包

答案： A

解析：B 错：还可能受到攻击；C 错：更新的途径很多；D 错：系统存在漏洞不代表会立即崩溃；A 正确。

29. 对文件的操作与对文件夹的操作相比较，下列描述中不正确的是_____。

    A．移动时，两者的操作完全相同

    B．重命名或删除时，两者的操作完全相同

    C．两者性质完全不同，操作没有相同之处

    D．复制时，两者的操作完全相同

答案：D

解析：移动文件或文件夹就是将文件或文件夹从一个位置移动到另一个位置。和复制操作不同，执行移动操作后被操作的文件或文件夹在原先的位置不再存在。

30. 关于计算机文件，下列说法中不正确的是_____。

    A．文件中存放的可以是一个程序，也可以是一篇文章、一首乐曲、一幅图画等

    B．文件是指存放在外存储器上的一组相关信息的集合

    C．文件在不同的文件夹下也不可以同名

    D．文件名是操作系统中区分不同文件的唯一标志

答案：C

解析：文件在不同的文件夹下可以同名。

字处理软件 Word 2010

1. Word 文档的分栏效果只能在_____视图中正常显示。
   A. 草稿　　　　　B. 页面　　　　　C. 阅读版式　　　　D. 大纲

答案： B

解析： 页面视图中正常显示 Word 文档的分栏效果。

2. 要设置各节不同的页眉/页脚，必须在第二节开始的每一节处单击_____按钮后编辑内容。
   A. 上一项　　　　B. 下一项　　　　C. 页面设置　　　　D. 链接到前一个

答案： D

解析： 详见页眉/页脚设置。

3. Word 的水平标尺上的文本缩进工具中，_____项没出现。
   A. 右缩进　　　　B. 前缩进　　　　C. 左缩进　　　　　D. 首行缩进

答案： B

解析： Word 的水平标尺上的文本缩进工具中，有左缩进、右缩进、首行缩进、两端缩进和悬挂缩进。

4. 在 Word 编辑状态下，第一行不动，段落其他行向右缩的缩进方式为_____。
   A. 无　　　　　　B. 首行缩进　　　C. 左缩进　　　　　D. 悬挂缩进

答案： D

解析： Word 的水平标尺上的文本缩进工具中，有左缩进、右缩进、首行缩进、两端缩进和悬挂缩进。

5. 当 Word 2010 检查到文档中的语法错误时，会用_____将其标出。
   A. 黄色波浪线　　B. 红色波浪线　　C. 绿色波浪线　　　D. 蓝色波浪线

答案： C

解析： Word 2010 检查文档时，语法错误用绿色波浪线标出。

6. Word 2010 取消了传统的菜单操作方式，取而代之的是_____。
   A. 面板　　　　　B. 功能区　　　　C. 下拉列表　　　　D. 工具按钮

答案： B

解析： Word 2010 取消了传统的菜单操作方式，取而代之的是功能区。

7. 在 Word 编辑状态下，可以使插入点快速移动到文档尾部的组合键是_____。

  A. Ctrl+End   B. Ctrl+Home   C. PageUp   D. Home

答案：A

解析：Ctrl+End 可以使插入点快速移动到文档尾部。

8. 在 Word 编辑状态下，可以同时显示水平标尺和垂直标尺的视图方式是_____。

  A. 阅读版式视图   B. Web 版式视图

  C. 大纲视图   D. 页面视图

答案：D

解析：页面视图可以同时显示水平标尺和垂直标尺。

9. Word 2010 以"磅"为单位的字体中，根据页面的大小，文字的磅值最大可以达到_____磅。

  A. 1 638   B. 1 024   C. 390   D. 500

答案：A

解析：Word 2010 字体最大磅值可以达到 1 638。

10. 在 Word 2010 中，文件的背景可以非常方便地设置为各种颜色或者填充效果，下列说法中正确的是_____。

  A. 背景只能在屏幕上显示而不能打印

  B. 背景不能设置成单一种颜色

  C. 背景一旦设定就不能取消

  D. 背景的设置是一种格式设置

答案：D

解析：在 Word 2010 中，背景的设置是一种格式设置。

在 Word 2010 中，文件的背景设置可以取消和打印，背景可以设置为一种颜色。

11. 当 Word 2010 检查到文档中的拼写错误时，会用_____将其标出。

  A. 蓝色波浪线   B. 红色波浪线

  C. 绿色波浪线   D. 黄色波浪线

答案：B

解析：Word 2010 检查到文档中的拼写错误时，会用红色波浪线将其标出。

12. 在 Word 2010 中，文档文件默认的扩展名是_____。

  A. .docx   B. .doc   C. .dat   D. .dotx

答案：A

解析：在 Word 2010 中，文档文件默认的扩展名是.docx。

13. 以下有关 Word 中项目符号的说法错误的是_____。

  A. 项目符号可以改变   B. $、@都可定义为项目符号

  C. 项目符号可增强文档的可读性 D. 项目符号只能是阿拉伯数字

答案：D

解析：项目符号可以自己定义。

14. 在 Word 中，关于剪切和复制，下列叙述中不正确的是_____。

  A. 剪切操作是借助剪贴板暂存区域来实现的

B. 复制是把选定的文本复制到剪贴板上，仍保持原来选定的文本

C. 剪切是把选定的文本复制到剪贴板上，仍保持原来选定的文本

D. 剪切是把选定的文本复制到剪贴板上，同时删除被选定的文本

答案：C

解析：剪切后原文本会移动到目标位置。

15. 在 Word 2010 文档窗口中进行了两次剪切操作后，剪贴板中的内容_____。

   A. 只有最后一次剪切的内容 B. 一定是空白的
   C. 可以有两次剪切的内容   D. 只有第一次剪切的内容

答案：A

解析：剪切板内容为最后一次放入的内容。

16. 下列汉字输入码中，_____属于音码。

   A. 大众码   B. 自然码   C. 五笔字型码   D. 智能 ABC 码

答案：D

解析：智能 ABC 码属于拼音码。

17. 下列关于 Word 2010 中浮动式对象和嵌入式对象的说法中，不正确的是_____。

   A. 浮动式对象可以直接施放到页面上的任意位置
   B. 浮动式对象既可以浮于文字之上，也可以衬于文字之下
   C. 剪贴画的默认插入形式是嵌入式的
   D. 嵌入式对象可以和浮动式对象组合成一个新对象

答案：D

解析：嵌入式对象必须改为非嵌入式的才可以组合。

18. 启动 Word 后，系统为新文档的命名应该_____。

   A. 没有文件名
   B. 自动命名为"文档 1"或"文档 2"或"文档 3"
   C. 自动命名为".docx"
   D. 是系统自动以用户输入的前 8 个字

答案：B

解析：系统为新文档的命名应该自动命名为"文档 1"或"文档 2"或"文档 3"。

19. Word 2010 默认的插入剪贴画和图片的环绕方式是_____。

   A. 嵌入式   B. 上下型   C. 穿越型   D. 四周型

答案：A

解析：嵌入式是 Word 2010 默认的插入剪贴画和图片的环绕方式。

20. 下列关于"保存"与"另存为"命令的叙述中正确的是_____。

   A. 保存旧文档时，"保存"与"另存为"的作用是相同的
   B. "保存"命令只能保存新文档，"另存为"命令只能保存旧文档
   C. 保存新文档时，"保存"与"另存为"的作用是相同的
   D. Word 保存的任何文档，都不能用写字板打开

答案：C

解析：单击"保存"按钮，可保存当前文档，同时关闭该文档；另存为是指文件可以另

外取一个名字，与原来的名字进行区别。

21．关于 Word 的制表功能，下列叙述中不正确的是_____。
　　A．只能对同一行中的单元格进行合并
　　B．用户可以绘制任意高度和宽度的单个单元格
　　C．可以方便地清除任何单元格、行、列、边框
　　D．可以对任何相邻的单元格进行合并，无论是垂直还是水平相邻

答案：A

解析：应用 Word in 制表功能也可对不同行中的单元格进行合并。

电子表格系统 Excel 2010

1. 在 Excel 2010 中，若需要将工作表按某列上的值进行排序，则单击"数据"选项卡"排序和筛选"组中的_____。

   A. "排序"命令　　　　　　　　　　B. "筛选"命令

   C. "高级"命令　　　　　　　　　　D. "重新应用"命令

   答案：A

   解析：若在 Excel 2010 中将工作表按某列上的值进行排序，则可通过"数据"选项卡"排序和筛选"组中的"排序"命令实现。

2. 以下不属于 Excel 2010 中的算术运算符的是_____。

   A. /　　　　　　B. %　　　　　　C. <>　　　　　　D. ^

   答案：D

   解析：A、B、C 都属于 Excel 2010 中的算术运算符。C <>是不等于，属于比较运算符。

3. 在 Excel 2010 中，工作簿一般是由_____组成的。

   A. 单元格　　　　B. 工作表　　　　C. 单元格区域　　　　D. 文字

   答案：B

   解析：工作簿一般是由工作表组成的。

4. 在 Excel 2010 中，某一工作表的某一单元格出现错误值"#NAME？"，可能的原因是_____。

   A. 公式被零除

   B. 公式里使用了 Excel 2010 不能识别的文本

   C. 用了错误的参数或运算对象类型，或者公式自动更正功能不能更正公式

   D. 单元格所含有的数字、日期或时间比单元格宽，或者单元格的日期时间公式产生了一个负值

   答案：B

   解析：可能的原因是公式里使用了 Excel 2010 不能识别的文本。

5. 在 Excel 2010 中，不可以同时对多个工作表进行的操作是_____。

   A. 重命名　　　　B. 移动　　　　C. 复制　　　　D. 删除

答案：A

解析：重命名不可以同时对多个工作表进行。

6. 在 Excel 2010 中，若单元格 C1 中公式为"=A1+B2"，将其复制到 E5 单元格，则 E5 中的公式是_____。
   A. =C3+A4   B. =C3+D4   C. =C5+D6   D. =A3+B4

答案：C

解析：C1 中公式=A1+B2，表示当前单元格=同行左侧第 2 列+下一行左侧第 1 列 E5=当前 E5 单元格同行左侧第 2 列+下一行左侧第 1 列，因此，E5=C5+D6。

7. Excel 2010 中的工作表是由行和列组成的二维表格，表中的每一格称为_____。
   A. 单元格   B. 表格   C. 窗口格   D. 子格

答案：A

解析：单元格就是工作表中行和列交叉的部分。

8. 在 Excel 2010 中，关于公式"=Sheet2!A1+A2"的表述中正确的是_____。
   A. 将工作表 Sheet2 中 A1 单元格的数据与本表 A2 单元格中的数据相加
   B. 将工作表 Sheet2 中 A1 单元格的数据与工作表 Sheet2 中 A2 单元格中的数据相加
   C. 将工作表中 A1 单元格的数据与 A2 单元格中的数据相加
   D. 将工作表 Sheet2 中 A1 单元格的数据与 A2 单元格中的数据相加

答案：A

解析：Sheet2!A1 表示工作表 Sheet2 中 A1 单元格的数据；A2 表示本表中单元格 A2 的数据。注意：当引用同一工作簿不同工作表的数据时，采用方式为：工作表名!+单元格引用。当引用不同工作簿中的数据时，采用方式为：[工作簿名]+工作表名!+单元格引用。

9. 在 Excel 2010 中，下列关于图表的说法中错误的是_____。
   A. 不能删除数据系列   B. 可以更改图表类型
   C. 可以更改图表坐标轴的显示   D. 可以调整图表大小

答案：A

解析：建立图表后，用户可以对它进行修改，如图表的大小、类型或数据系列等。

10. 在 Excel 2010 中，"A1:D4"表示_____。
    A. A1 和 D4 单元格
    B. A、B、C、D 四列
    C. 左上角为 A1、右下角为 D4 的单元格区域
    D. 1、2、3、4 四行

答案：C

解析：单元格区域指的是由多个相邻单元格形成的区域，用该区域的左上角单元格地址、冒号和右下角单元格地址表示。

11. 在 Excel 2010 中，下列关于日期的说法中错误的是_____。
    A. 要输入 2013 年 11 月 9 日，输入"2013-11-9"或"2013/11/9"均可
    B. 输入"9-8"或"9/8"，回车后，单元格显示的是 9 月 8 日
    C. Excel 2010 中，在单元格中插入当前系统日期，可以按 Ctrl+;（分号）组合键
    D. 要输入 2013 年 11 月 9 日，输入"11/9/2013"也可

答案：D

解析：略。

12. 在 Excel 2010 中，若单元格中数据太长，不能在一行中显示而需要在单元格中的特定位置开始新的文本行，则应双击该单元格，定位在该单元格中要断行的位置，然后按_____快捷键。

  A. Alt+Enter   B. Ctrl+Enter   C. Ctrl+Shift   D. Shift+Enter

答案：A

解析：在单元格中的特定位置开始新的文本行可通过 Alt+Enter 快捷键实现。

13. 在 Excel 2010 中，已知工作表中 C3 单元格和 D4 单元格的值均为 0，C4 单元格中的计算公式为"=C3=D4"，则 C4 单元格显示的值为_____。

  A. 0   B. TRUE   C. #N/A   D. C3=D4

答案：A

解析：若 C3、C4 里面的数据不相等，则相对应的显示 0。

14. 数据透视表是一种可以快速汇总大量数据的交互式方法。要创建数据透视表，必须先_____。

  A. 选择图表类型   B. 创建计算字段

  C. 选择数据源   D. 创建字段列表

答案：D

解析：创建数据透视表时先要创建字段列表。

15. 在创建折线迷你图后，为了更好反映数据的趋势，可以通过选中"标记颜色"命令中的_____，使所有数据以节点形式突出显示。

  A. 标记   B. 高点   C. 低点   D. 负点

答案：A

解析：在创建折线迷你图后，为了更好反映数据的趋势，可以通过选中"标记颜色"命令中的标记，使所有数据以节点形式突出显示。

16. 在 Excel 2010 中，如果输入一串数字 262500，不把它看作数字型，而是文字型，则下列说法中正确的是_____。

  A. 先输入一个双引号"""，然后输入"262500"

  B. 直接输入"262500"

  C. 输入一个双引号"""，然后输入一个单引号"'"和"262500"，再输入一个双引号"""

  D. 先输入一个单引号"'"，然后输入"262500"

答案：D

解析：如果把数字、公式等作为文本输入，则应先输入一个半角字符的单引号"'"，再输入相应的字符。

17. 在 Excel 2010 中，下列不属于单元格引用符的是_____。

  A. ,   B. ;   C. :   D. 空格

答案：B

解析：题目问的是运算符中的引用运算符，A、C、D 都是，B 不是。

18. Excel 2010 中行标题用数字表示，列标题用字母表示，那么第 3 行第 2 列的单元格地

址表示为_____。

  A. C3   B. B3   C. C2   D. B2

答案：B

解析：第三行用 3 表示，第二列用 B 表示。

19. 在 Excel 2010 中，已知工作表中 C3 单元格和 D4 单元格的值均为 0，C4 单元格中的计算公式为"=C3=D4"，则 C4 单元格显示的值为_____。

  A. C3=D4   B. 0   C. TRUE   D. #N/A

答案：C

解析：C4 的单元格里面会出现 TURE，也就是对输入在 C4 单元格里面的公式进行判断。如果 C3、C4 里面的数据不相等，则显示 FALSE。

20. 在 Excel 2010 中，下列关于公式"=Sheet2！A1+A2"的表述中正确的是_____。

  A. 将工作表中单元格 A1 中的数据与单元格 A2 中的数据相加

  B. 将工作表 Sheet2 中单元格 A1 中的数据与工作表 Sheet2 中单元格 A2 中的数据相加

  C. 将工作表 Sheet2 中单元格 A1 中的数据与单元格 A2 中的数据相加

  D. 将工作表 Sheet2 中单元格 A1 中的数据与本表单元格 A2 中的数据相加

答案：A

解析：公式"=Sheet2！A1+A2"将工作表中单元格 A1 的数据与单元格 A2 的数据相加。

21. Excel 2010 的工作表最多有_____行。

  A. 32   B. 16   C. 1 048 576   D. 1 024

答案：C

解析：Excel 2010 的工作表最多有 1 048 576 行、16 384 列。

22. 在 Excel 2010 中，下列关于排序的说法中错误的是_____。

  A. 在 Excel 2010 中进行排序操作时，最多可按 3 个关键字进行排序

  B. 可以按自定义序列（如大、中和小）或格式（包括单元格颜色、字体颜色或图标集）进行排序

  C. 可以对一列或多列中的数据按文本（升序或降序）、数字（升序或降序）以及日期和时间（升序或降序）进行排序

  D. 大多数排序操作都是列排序，但是也可以按行进行排序

答案：A

解析：最多可支持 64 个关键字。

演示文稿软件 PowerPoint 2010

1. 要在打开的当前幻灯片中反映实际的日期和时间，可在"插入"选项卡的"文本"组中勾选"日期和时间"项，在弹出的"页眉和页脚"对话框中选中_____。

　　A."页脚"　　　　　　　　　　B."自动更新"
　　C."编辑时间"　　　　　　　　D."固定"

答案：B

解析：日期有两种，自动更新和固定。

2. PowerPoint 2010 支持从当前幻灯片开始放映，其快捷键是_____。

　　A. Shift+F5　　B. Alt+F5　　C. Ctrl+F5　　D. F5

答案：A

解析：从当前幻灯片开始放映的快捷键是 Shift+F5。

3. 用户可以在 PowerPoint 2010 中使用电子邮件发送演示文稿，如果以 PDF 或 XPS 的形式发送，则系统会自动将_____的格式更改为 PDF 或 XPS 形式。

　　A. PowerPoint 模板　　　　　　B. PowerPoint 97-2003
　　C. 附件　　　　　　　　　　　D. PowerPoint XML

答案：C

解析：在 Microsoft Office Backstage 视图中，有一项快速单击共享功能，用于通过电子邮件将演示文稿作为附件、作为指向 Web 服务器上演示文稿的链接或作为 .pdf 或 .xps 副本发送。

4. 下列四个选项，属于 PowerPoint 2010"开始"选项卡的是_____。

　　A. 打开　　　　B. 关闭　　　　C. 新建　　　　D. 段落

答案：D

解析：只有 D 属于"开始"选项卡。

5. PowerPoint 2010 提供了屏幕截屏功能，其作用是_____。

　　A. 截取当前 PowerPoint 2010 演示文稿的图片到剪贴板
　　B. 截取当前桌面的图片到 PowerPoint 2010 演示文稿
　　C. 插入任何未最小化到任务栏的程序的图片，并且可以进行剪辑编辑

D. 截取 PowerPoint 2010 当前的幻灯片到剪贴板

答案：C

解析：PowerPoint 2010 提供了屏幕截屏功能，其作用是插入任何未最小化到任务栏的程序的图片，并且可以进行剪辑编辑。

6. 下列_____不包含在 PowerPoint 2010 的动画效果中。
   A. 陀螺旋效果　　　　　　　　　B. 脉冲效果
   C. 弹跳效果　　　　　　　　　　D. 蜂巢效果

答案：D

解析：PowerPoint 2010 的动画效果不包含蜂巢效果。

7. 相比较早版本，PowerPoint 2010 将一些功能项进行了新的安排，原本的动作按钮项现在被安排在_____。
   A. "设计"选项卡—效果选项　　　B. "切换"选项卡—效果选项
   C. "动画"选项卡—触发选项　　　D. "插入"选项卡—形状选项

答案：D

解析：PowerPoint 2010 中，动作按钮项在"插入"选项卡—形状选项。

8. 在 PowerPoint 2010 中，新建幻灯片的快捷键是_____。
   A. Alt+M　　　B. Ctrl+M　　　C. Ctrl+N　　　D. Alt+N

答案：C

解析：新建幻灯片的快捷键是 Ctrl+N。

9. 进入幻灯片母版的方法是_____。
   A. 打开"开始"选项卡，单击"版式"命令，选择其中一种
   B. 在"设计"选项卡中选择一种主题
   C. 打开"文件"选项卡，单击"新建"命令，选择"样本模板"
   D. 在"视图"选项卡中单击"幻灯片母版"

答案：D

解析：在"视图"选项卡中单击"幻灯片母版"可以进入幻灯片母版编辑状态。

10. _____是 PowerPoint 2010 新添加的功能。
    A. 动画触发　　　　　　　　　　B. 动画刷
    C. 宏　　　　　　　　　　　　　D. 屏幕截屏

答案：B

解析：方便快捷的动画刷是 PowerPoint 2010 新添加的功能之一。

11. 幻灯片中可以插入的视频来源不包括_____。
    A. 文件中的视频　　　　　　　　B. 网站的视频
    C. 剪贴画视频　　　　　　　　　D. 录制视频

答案：D

解析：在"插入"选项卡的"媒体"组中单击"视频"命令，在弹出的快捷菜单中有 3 种插入视频文件的方式，分别为文件中的视频、网站的视频和剪贴画视频。

12. 使用 PowerPoint 2010 中的"广播幻灯片"的操作步骤是：使用前单击"广播幻灯片"，然后单击"启动广播"命令，稍后 PowerPoint 将会自动分配给用户一个_____，将其发送

给其他接收者，以便能与主机同步观看正在播放的幻灯片。人们可以在浏览器中远程观看幻灯片，而不需要安装任何软件。

  A. 超链接   B. 云空间

  C. 共享网址   D. IP 子网

答案：C

解析：略。

数据库技术与 Access

1. 下列_____不属于常用的 DBMS 数据模型。
   A. 关系模型　　　　B. 线性模型　　　　C. 网状模型　　　　D. 层次模型
   答案：B
   解析：常用的 DBMS 数据模型有关系模型、网状模型和层次模型。

2. 在表中选择不同的字段形成新表，属于关系运算中的_____。
   A. 投影　　　　　　B. 复制　　　　　　C. 连接　　　　　　D. 选择
   答案：B
   解析：本题考查专门关系运算。专门的关系运算有 3 种：选择、投影和连接。选择是从关系中找出满足给定条件的元组。投影是从关系模式中指定若干个属性组成新的关系。连接是将两个关系模式拼接成一个更宽的模式，生成的新关系包含满足条件的元组。

3. 关系数据库管理系统所管理的关系是_____。
   A. 若干个二维表　　　　　　　　　　B. 若干个数据库文件
   C. 一个表文件　　　　　　　　　　　D. 一个数据库文件
   答案：B
   解析：用二维表结构表示实体及其之间的关系的模型称为关系模型。在关系模型中，数据的逻辑结构是满足一定条件的二维表，一个二维表就是一个关系。

4. 一个关系就是一张二维表，其垂直方向上的列称为属性，也称为_____。
   A. 字段　　　　　　B. 域　　　　　　　C. 记录　　　　　　D. 分量
   答案：A
   解析：属性的定义表述。

5. 数据库（DB）、数据库系统（DBS）和数据库管理系统（DBMS）三者间的关系是_____。
   A. DBS 包括 DB 和 DBMS　　　　　　B. DBS 就是 DB，也就是 DBMS
   C. DB 包括 DBS 和 DBMS　　　　　　D. DBMS 包括 DB 和 DBS
   答案：A
   解析：数据库系统是指拥有数据库技术支持的计算机系统。

6. 下列有关数据库的描述中正确的是_____。

A. 数据库是一个关系 B. 数据库是一个 DBF 文件
C. 数据库是一组文件 D. 数据库是一个结构化的数据集合

答案：D

解析：数据库是一个结构化的数据集合。

7. 下列关于关系的叙述中错误的是_____。
   A. 二维表一定是关系 B. 一个关系是一张二维表
   C. 表中的一行称为一个元组 D. 同一列只能出自同一个域

答案：A

解析：一个关系是一张二维表，但一张二维表不一定是关系。

8. 若表中的某字段取值具有唯一性，则可将该字段指定为_____。
   A. 排序键 B. 主键 C. 关键字段 D. 自动编号

答案：B

解析：主键就是数据表中某一字段，通过该字段的值可在表中唯一确定一条记录。

9. 在表中选择记录形成新表，属于关系运算中的_____。
   A. 选择 B. 连接 C. 投影 D. 复制

答案：A

解析：在表中选择记录形成新表，属于关系运算中的选择。

10. 在打开某个 Access 2010 数据库后，双击导航窗格上的表对象列表中的某个表名，便可打开该表的_____。
    A. 关系视图 B. 查询视图 C. 数据表视图 D. 设计视图

答案：C

解析：在打开某个 Access 2010 数据库后，双击导航窗格上的表对象列表中的某个表名，便可打开该表的数据表视图。

计算机网络及网页制作

1. 在计算机网络中，共享的资源主要是指硬件、_____与数据资源。
   A. 软件　　　　　B. 外设　　　　　C. 通信信道　　　　D. 主机
   答案：A
   解析：计算机资源主要是指计算机的硬件、软件和数据资源。

2. 用 8 位来标识网络号，24 位标识主机号的 IP 地址类别为_____。
   A. A 类　　　　　B. B 类　　　　　C. D 类　　　　　　D. C 类
   答案：A
   解析：A 类 IP 地址用 8 位来标识网络号，24 位标识主机号，最前面一位为"0"，这样，A 类 IP 地址所能标识的网络数据范围为 0～127，即 1.x.y.z～126.x.y.x 格式的 IP 地址都属于 A 类 IP 地址。A 类地址通常用于大型网络。

3. 下列_____不属于"Internet 协议（TCP/IP）属性"对话框选项。
   A. 诊断地址　　　B. IP 地址　　　　C. 子网掩码　　　　D. 默认网关
   答案：A
   解析："Internet 协议（TCP/IP）属性"对话框包括 IP 地址、子网掩码和默认网关。

4. 在制作网站时，属于 Dreamweaver 的工作范畴的是_____。
   A. 把所有有用的东西组合成网页　　　B. 内容信息的搜集整理
   C. 网页的美工设计　　　　　　　　　D. 美工图像的制作
   答案：D
   解析：Dreamweaver 是一种所见即所得的网站开发制作工具，不仅能开发静态网页，而且能通过层叠样式表 CSS 来美工图像等。

5. 从目前来看，计算机网络的发展趋势不包括_____。
   A. 光通信技术　　　　　　　　　　　B. IPv4
   C. 宽带接入技术与移动通信技术　　　D. 三网合一
   答案：B
   解析：计算机网络的发展趋势包括三网合一、光通信技术、宽带接入技术与移动通信技术和 IPv4。

6. 计算机网络按_____不同可以分成总线型网络、星形网络、环形网络、树状网络和混合型网络等。
  A. 拓扑结构   B. 覆盖范围   C. 传输介质   D. 使用性质
  答案：A
  解析：把网络中的计算机等设备抽象为点，把网络中的通信媒体抽象为线，这样形成了由点和线组成的几何图形，称之为网络的拓扑结构。

7. 下列关于局域网拓扑结构的叙述中错误的是_____。
  A. 总线结构网络中，某台工作站故障，一般不影响整个网络的正常工作
  B. 星形结构的中心站发生故障时，会导致整个网络停止工作
  C. 在树状拓扑中，任何一个节点发送信息都不需要通过根节点
  D. 环形结构网络中，某台工作站故障，会导致整个网络停止工作
  答案：C
  解析：在树状拓扑中，任何一个节点发送信息都要传送到根节点，然后从根节点返回整个网络。

8. 随着技术的不断发展，新、旧业务的不断融合，目前广泛使用的_____三类网络正逐渐向单一的统一 IP 网络发展，即所谓的三网合一。
  A. 交通网络、计算机网络和物流网络
  B. 通信网络、计算机网络和物流网络
  C. 邮政网络、计算机网络和通信网络
  D. 通信网络、计算机网络和有线电视网络
  答案：D
  解析：略。

9. CERNet 指的是_____。
  A. 中国教育和科研计算机网   B. 中国公用计算机互联网
  C. 国家公用经济信息通信网   D. 中国科技信息网
  答案：A
  解析：中国公用计算机互联网：ChinaNet；国家公用经济信息通信网：金桥网和 ChinaGBN；中国科技信息网：CSTNet。

10. 下列_____是换行符标签。
  A. \<font>   B. \
   C. \<hr>   D. \<p>
  答案：B
  解析：\<font>：字体标记；\<hr>：水平线标记；\<p>：段落标记。

11. 若网络形状是由站点和连接站点的链路组成的一个闭合环，则称这种拓扑结构为_____。
  A. 总线拓扑   B. 树状拓扑   C. 星形拓扑   D. 环形拓扑
  答案：D
  解析：环形拓扑是一个包括若干节点和链路的单一封闭环，每个节点只与相邻的两个节点相连。

12. 根据网络的覆盖范围，计算机网络可划分为局域网、城域网和广域网，其中局域网的英文缩写为_____。

  A．LAN   B．MAN   C．WAN   D．JAN

答案：A

解析：局域网的英文全称为 Local Area Network。

13．IPv6 地址由_____位二进制数组成。

  A．64   B．128   C．16   D．32

答案：B

解析：IPv6 的地址长度是 128 位（bit）。将这 128 位的地址按每 16 位划分为一个段，将每个段转换成十六进制数字，并用冒号隔开。例如：2000：0000：0000：0000：0001：2345：6789：abcd。

14．计算机网络是计算机技术与_____技术紧密结合的产物。

  A．自动控制   B．交换   C．通信   D．软件

答案：C

解析：计算机网络是计算机技术与通信技术紧密结合的产物。

15．在计算机网络发展的 4 个阶段中，_____阶段是第 4 个发展阶段。

  A．网络体系结构标准化   B．计算机互连互联实现数据通信

  C．Internet 发展   D．资源共享

答案：C

解析：第 4 阶段：20 世纪 90 年代初至现在是计算机网络飞速发展的阶段，其主要特征是计算机网络化，协同计算能力发展以及全球互连网络（Internet）的盛行。

16．网络中央节点是整个网络的"瓶颈"，必须具有很高的可靠性。中央节点一旦发生故障，整个网络就会瘫痪，那么这种网络拓扑结构属于_____。

  A．总线拓扑   B．环形拓扑   C．星形拓扑   D．网状拓扑

答案：C

解析：星形拓扑结构是指以一台中心处理机（通信设备）为主而构成的网络，其他入网机器仅与该中心处理机之间有直接的物理链路，中心处理机采用分时或轮询的方法为入网机器服务，所有的数据必须经过中心处理机。

17．根据网络的覆盖范围不同，计算机网络可划分为局域网、城域网和广域网，其中广域网的英文缩写为_____。

  A．JAN   B．LAN   C．MAN   D．WAN

答案：D

解析：广域网的英文全称为 Wide Area Network，WAN。

18．用 16 位来标识网络号，16 位标识主机号的 IP 地址类别为_____。

  A．A 类   B．B 类   C．C 类   D．D 类

答案：B

解析：IP 地址为 32 位二进制数，划分为 A、B、C、D、E 五类，其中 A、B、C 是基本类，D、E 类作为多播和保留使用。A 类：高 8 位为网络号，后 24 位为主机号，B 类：高 16 位为网络号，后 16 位为主机号。

19．有关计算机网络的下列说法中不正确的是_____。

  A．从逻辑功能上可以把计算机网络分成资源子网和通信子网两个子网

B. 资源子网提供计算机网络的通信功能，由通信链路组成

C. 计算机网络由计算机系统、通信链路和网络节点组成

D. 网络节点主要负责网络中信息的发送、接收和转发

答案：B

解析：资源子网由计算机系统、终端、终端控制器、连网外设、各种软件资源与信息资源组成，资源子网负责全网数据处理和向网络用户提供资源及网络服务，包括网络的数据处理资源和数据存储资源。B项描述的是通信子网。

20. 从物理连接上讲，计算机网络由_____组成。

   A. 计算机系统、通信链路和资源子网

   B. 计算机系统、网络节点和资源子网

   C. 计算机系统、网络节点和通信链路

   D. 通信链路和网络节点

答案：C

解析：从物理连接上讲，计算机网络由计算机系统、网络节点和通信链路组成。

21. 下列关于局域网拓扑结构的叙述中，正确的是_____。

   A. 星形结构的中心站发生故障时，会导致整个网络停止工作

   B. 总线结构网络中，某台工作站故障，会导致整个网络停止工作

   C. 环形结构网络中，某台工作站故障，不会导致整个网络停止工作

   D. 在树状拓扑中，任何一个节点发送信息都不需要通过根节点

答案：A

解析：中央节点一旦发生故障，整个网络就会瘫痪。

22. 在计算机网络发展的4个阶段中，_____阶段是第1个发展阶段。

   A. Internet 发展　　　　　　　　B. 计算机互连互联实现数据通信

   C. 资源共享　　　　　　　　　　D. 网络体系结构标准化

答案：B

解析：第一阶段：以数据通信为主的第一代计算机网络。第二阶段，以资源共享为主的第二代计算机网络。第三阶段：体系标准化的第三代计算机网络。第四阶段：以 Internet 为核心的第四代计算机网络。

23. 属于静态网页文件的是_____。

   A. *.html　　　　B. *.jsp　　　　C. *.bmp　　　　D. *.asp

答案：A

解析：静态网页的扩展名为.htm 或.html。

24. B 类 IP 地址网络的子网掩码地址为_____。

   A. 255.255.255.0　　　　　　　　B. 255.0.0.0

   C. 255.255.0.0　　　　　　　　　D. 255.255.255.255

答案：C

解析：B 类地址第 1 字节和第 2 字节为网络地址，其他 2 个字节为主机地址；B 类地址范围：128.0.0.1～191.255.255.254；B 类地址包括私有地址和保留地址。

25. 根据网络的覆盖范围，计算机网络可划分为局域网、城域网和广域网，其中城域网

的英文缩写为_____。

  A．JAN   B．WAN   C．LAN   D．MAN

答案：D

解析：城域网（Metropolitan Area Network）是在一个城市范围内所建立的计算机通信网，MAN。

26．下列关于Internet的说法中不正确的是_____。

  A．Internet的中文名称是"因特网"

  B．Internet是目前世界上覆盖面最广、最成功的国际计算机网络

  C．Internet是一个物理网络

  D．Internet在中国曾经有多个不同的名字

答案：C

解析：Internet已是一种网络形态。

27．根据网络的覆盖范围，计算机网络可划分为_____。

  A．局域网、城域网和广域网   B．局域网、城域网和有线网

  C．局域网、广域网和星型网   D．城域网、广域网和专用网

答案：A

解析：计算机网络根据网络的覆盖范围不同，划分为局域网、城域网和广域网。

28．以下标记中，_____可用来产生滚动文字。

  A．\<iframe\> B．\<scroll\> C．\<textArea\> D．\<marquee\>

答案：D

解析：\<marquee\>标记可用来产生滚动文字或图形。

29．Internet采用域名地址是因为_____。

  A．一台主机必须用IP地址和域名地址共同标识

  B．一台主机必须用域名地址标识

  C．IP地址不便于记忆

  D．IP地址不能唯一标识一台主机

答案：C

解析：为了方便用户记忆，Internet在IP地址的基础上提供了域名系统，是一种更高级的地址形式。

30．下列_____不是典型的网络拓扑结构。

  A．星形   B．树状   C．发散型   D．总线型

答案：C

解析：计算机按拓扑结构可以分为总线型网络、星形网络、环形网络、树状网络和混合型网络。

31．Internet采用的通信协议是_____。

  A．FTP   B．WWW   C．PX/IPPX   D．TCP/IP

答案：D

解析：Internet主要是指通过TCP/IP协议将世界各地的网络连接起来，实现资源共享、信息交换，提供各种应用服务的全球性计算机网络。

32. 从物理连接上讲，计算机网络由计算机系统、网络节点和_____组成。
   A. 主机和终端　　B. 通信子网　　C. 资源子网　　D. 通信链路

答案：D

解析：从物理连接上讲，计算机网络由计算机系统、网络节点和通信链路组成。

33. 在计算机网络发展的4个阶段中，_____阶段是第2个发展阶段。
   A. 网络体系结构标准化　　　　B. 计算机互连互联实现数据通信
   C. Internet 发展　　　　　　D. 资源共享

答案：D

解析：A 项属于第 3 个发展阶段，B 项为第 1 个发展阶段，C 项为第 4 个发展阶段。

34. 我们常说的"IT"是_____的简称
   A. 因特网　　B. 输入设备　　C. 信息技术　　D. 手写板

答案：C

解析：信息技术（Information Technology，IT）是主要用于管理和处理信息所采用的各种技术的总称。它主要应用计算机科学和通信技术来设计、开发、安装和实施信息系统及应用软件。

35. ISP 表示_____。
   A. 拨号器　　　　　　　　　B. 传输控制层协议
   C. Internet 服务商　　　　　D. 间际协议

答案：C

解析：ISP 是 Internet 服务商，主要为用户提供拨号上网、WWW 浏览等服务。

36. 如果网络中的源节点和目的节点之间可以从若干条通路中选择最佳路径，那么这种网络拓扑结构属于_____。
   A. 总线拓扑　　B. 网状拓扑　　C. 星形拓扑　　D. 环形拓扑

答案：B

解析：网状结构节点间路径多，每个节点间都有至少一条链路同其他节点相连。

37. 根据传输介质的不同，计算机网络可划分为_____。
   A. 总线型网、环形网和星形网　　B. 有线网和无线网
   C. 公用网和专用网　　　　　　D. 局域网、城域网和广域网

答案：B

解析：计算机网络按传输介质不同，划分为有线网络和无线网络两大类。有线网络可以分为双绞线网络、同轴电缆网络、光纤网络、光纤同轴混合网络等。无线网络可以分为无线电、微波、红外等类型。

38. 网页标题可以在_____对话框中修改。
   A. "首选参数"　　　　　　B. "编辑站点"
   C. "页面属性"　　　　　　D. "标签编辑器"

答案：C

解析：网页标题可以在"页面属性"对话框中修改。

39. 在计算机网络中，共享的资源主要是指_____、软件与数据资源。
   A. 主机　　B. 外设　　C. 通信信道　　D. 硬件

答案：D

解析：在计算机网络中，共享的资源主要是指硬件、软件与数据资源。

40. 下列关于 IP 的说法中错误的是_____。
    A. IP 地址是 Internet 上主机的数字标识
    B. IP 地址指出了该计算机连接到哪个网络上
    C. IP 地址在 Internet 上是唯一的
    D. IP 地址由 32 位十进制数组成

答案：D

解析：IP 地址由 32 位二进制数组成。

41. 在计算机网络中，资源子网的主要作用不包括_____。
    A. 向网络用户提供网络服务   B. 负责整个网络的数据处理业务
    C. 提供计算机网络的通信功能   D. 向网络用户提供网络资源

答案：C

解析：通信子网提供计算机网络的通信功能。

42. 下列说法中正确的是_____。
    A. 防火墙既能防止非法的外部网络用户访问内部网络，也能防止非法的内部网络用户访问外部网络
    B. 最新的操作系统是没有漏洞的
    C. 不付费使用试用版软件是非法的
    D. 正版软件不会受到病毒攻击

答案：A

解析：防火墙是用于企业内部和因特网之间实施安全策略的一个系统或者一组系统。

43. 为了便于记忆，可将组成 IP 地址的 32 位二进制数分成_____组，每组 8 位，用小数点将它们隔开，把每一组数翻译成相应的十进制数。
    A. 3   B. 6   C. 4   D. 5

答案：C

解析：32 位 IP 地址分为 4 段，每段 8 位为一组，用一个十进制数表示。

44. 在计算机网络发展的 4 个阶段中，_____阶段是第 3 个发展阶段。
    A. 网络体系结构标准化   B. Internet 发展
    C. 资源共享   D. 计算机互连互联实现数据通信

答案：A

解析：网络体系标准化是第 3 个发展阶段的计算机系统。

45. 网络中任何一台计算机的故障都会影响整个网络的正常工作，故障检测比较困难，节点增、删不方便，那么这种网络拓扑结构属于_____。
    A. 网状拓扑   B. 总线拓扑   C. 星形拓扑   D. 环形拓扑

答案：D

解析：环形拓扑是使用公共电缆组成一个封闭的环，各节点直接连到环上，信息沿着环按一定方向从一个节点传送到另一个节点。环接口一般由发送器、接收器、控制器、线控制器和线接收器组成。在环形拓扑结构中，有一个控制发送数据权力的"令牌"，它在后边按一

定的方向单向环绕传送，每经过一个节点都要被接收、判断一次，是发给该节点的则接收，否则就将数据送回到环中继续下传。

46. 在计算机网络组成结构中，_____提供访问网络和处理数据的能力。
   A. 通信子网　　　B. 广域网　　　C. 局域网　　　D. 资源子网

   答案：D

   解析：资源子网提供访问网络和处理数据的能力，由主机、终端控制器和终端组成。

47. 实现计算机与 Internet 连接所用的协议是_____。
   A. NetBEUI　　　　　　　　　　B. SLIP
   C. TCP/IP　　　　　　　　　　 D. IPX/SPX

   答案：D

   解析：在 Internet 上，每一台计算机制定的唯一的 32 位地址称为 IP 地址，也称为网际地址。

48. 在 HTML 中，段落标签是_____。
   A. <head></head>　　　　　　　B. <p></p>
   C. <body></body>　　　　　　　D. <html></html>

   答案：B

   解析：<p></p>标记指定文档中一个独立的段落。

49. 计算机网络按_____不同分成有线网和无线网。
   A. 拓扑结构　　　B. 传输介质　　　C. 使用性质　　　D. 覆盖范围

   答案：B

   解析：计算机网络按传输介质不同分成有线网和无线网。

50. 下列关于局域网拓扑结构的叙述中，正确的是_____。
   A. 环形结构网络中，某台工作站故障，不会导致整个网络停止工作
   B. 总线结构网络中，某台工作站故障，一般不影响整个网络的正常工作
   C. 星形结构的中心站不会发生故障
   D. 星形结构的中心站发生故障时，一般不影响整个网络的正常工作

   答案：B

   解析：总线结构采用单一信道。

51. 在 Internet 的域名中，代表计算机所在国家或地区的符号".cn"是指_____。
   A. 加拿大　　　B. 香港　　　C. 中国　　　D. 台湾

   答案：C

   解析：cn 为中国的地区代码。

52. 从物理连接上讲，计算机网络由_____组成。
   A. 计算机系统、网络节点和资源子网
   B. 计算机系统、网络节点和通信链路
   C. 通信链路和网络节点
   D. 计算机系统、通信链路和资源子网

   答案：B

   解析：从物理连接上讲，计算机网络由计算机系统、网络节点和通信链路组成。

53. 计算机网络的资源共享功能包括_____。
    A. 设备资源和非设备资源共享
    B. 软件资源和数据资源共享
    C. 硬件资源、软件资源和数据资源共享
    D. 硬件资源和软件资源共享

答案：C

解析：从物理连接上讲，计算机的资源主要指计算机的硬件、软件和数据资源。资源共享是组件计算机网络的驱动力之一。

54. IP 地址可以标识 Internet 上的每台电脑，但是很难记忆，为了方便，我们使用_____，给主机赋予一个用字母代表的名字。
    A. Windows NT 系统   B. UNIX 系统
    C. 数据库系统   D. DNS 域名系统

答案：D

解析：为了方便用户，Internet 提供了域名系统，一种面向用户的字符型主机命名机制。

55. 从逻辑功能上看，可以把计算机网络分成通信子网和资源子网，资源子网由_____组成。
    A. 主机、通信链路和网络节点
    B. 计算机系统、终端控制器和通信链路
    C. 计算机系统、通信链路和网络节点
    D. 主机、终端控制器和终端

答案：B

解析：从逻辑功能上看，可以把计算机网络分成通信子网和资源子网，资源子网由计算机系统、终端控制器和通信链路组成。

56. http://www.163.com/home.html 中_____表示协议。
    A. http   B. 163.com   C. home.html   D. www.163.com

答案：A

解析：http://www.163.com/home.html 中 http 是协议名，协议名还有 SMTP、telnet、FTP 等。

57. 下列关于局域网拓扑结构的叙述中，错误的是_____。
    A. 在树状拓扑中，任何一个节点发送信息都不需要通过根节点
    B. 星形结构的中心站发生故障时，会导致整个网络停止工作
    C. 总线结构网络中，某台工作站故障，一般不影响整个网络的正常工作
    D. 环形结构网络中，某台工作站故障，会导致整个网络停止工作

答案：A

解析：在树状拓扑中，任何一个节点发送信息都需要送到根节点。

58. 一座大楼内的一个计算机网络系统，属于_____。
    A. LAN   B. PAN   C. WAN   D. MAN

答案：A

解析：覆盖几百米到几千米。

59. 在计算机网络中，通信子网的主要作用是_____。

A. 向网络用户提供网络服务　　　　　B. 提供计算机网络的通信功能
C. 负责整个网络的数据处理业务　　　D. 向网络用户提供网络资源

答案：B

解析：通信子网的主要作用是提供计算机网络的通信功能。

60. 拨号上网时所用的被俗称为"猫"的设备是_____。
A. 解调调制器　　　　　　　　　　B. 网络链接器
C. 编码解码器　　　　　　　　　　D. 调制解调器

答案：D

解析：常说的"猫"即调制解调器。

61. Internet 域名中的域类型"com"代表单位的性质一般是_____。
A. 通信机构　　B. 组织机构　　C. 网络机构　　D. 商业机构

答案：D

解析：域类型"com"代表商业机构。

62. 下列关于计算机病毒的说法中错误的是_____。
A. 计算机病毒是一个程序或一段可执行代码
B. 计算机病毒具有可执行性、破坏性等特点
C. 计算机病毒按其破坏后果的严重性可分为良性病毒和恶性病毒
D. 计算机病毒只攻击可执行文件

答案：D

解析：计算机病毒不仅攻击可执行文件，而且可攻击其他类型文件。

63. 目前大量使用的 IP 地址中，适用于小型网络的 IP 地址是_____。
A. C　　B. D　　C. A　　D. B

答案：C

解析：C 类 IP 地址用 24 位标识网络号，8 位标识主机号，最前面三位为"110"。网络号的数量要远大于主机号，如一个 C 类 IP 地址共可连接 254 台主机。C 类 IP 地址的第一个 8 位标识的数的范围为 192～223。C 类 IP 地址一般适用于校园网等小型网络。

64. 使用_____符号可以创建空链接。
A. #　　B. @　　C. *　　D. &

答案：A

解析：使用#符号可以创建空链接。

65. 计算机网络按_____不同可以分为总线型网络、星形网络、环形网络、树状网络和混合型网络等。
A. 拓扑结构　　B. 覆盖范围　　C. 传输介质　　D. 使用性质

答案：A

解析：计算机网络按拓扑结构不同可以分为总线型网络、星形网络、环形网络、树状网络和混合型网络等。

66. 如果网络中的源节点和目的节点之间可以从若干条通路中选择最佳路径，那么这种网络拓扑结构属于_____。
A. 环形拓扑　　B. 总线拓扑　　C. 星形拓扑　　D. 网状拓扑

答案：D

解析：网状拓扑结构主要指各节点通过传输线相互连接起来，并且每一个节点至少与其他两个节点相连。

67. 在 TCP/IP 体系结构中，TCP 和 IP 所提供的服务层次分别为_____。
   A. 传输层和网络层　　　　　　　　B. 链路层和物理层
   C. 网络层和链路层　　　　　　　　D. 应用层和传输层

答案：A

解析：TCP/UDP 协议在运输层，IP 协议在网络层。

68. 在计算机网络中，资源子网的主要作用不包括_____。
   A. 向网络用户提供网络资源　　　　B. 提供计算机网络的通信功能
   C. 向网络用户提供网络服务　　　　D. 负责整个网络的数据处理业务

答案：B

解析：资源子网由计算机系统、终端、终端控制器、连网外设、各种软件资源与信息资源组成。主机负责本地或全网的数据处理，运行各种应用程序或大型数据库系统，向网络用户提供各种软、硬件资源和网络服务；终端控制器用于把一组终端连入通信子网，并负责控制终端信息的接收和发送。终端控制器可以不经主机直接和网络节点相连。

69. 随着技术的不断发展，新、旧业务的不断融合，目前三网合一中的网络不包括_____。
   A. 有线电视网络　　　　　　　　　B. 高速交通网络
   C. 计算机网络　　　　　　　　　　D. 通信网络

答案：B

解析：三网合一是指有线电视网络、计算机网络和通信网络。

70. 中国公用计算机互联网指的是_____。
   A. ChinaNet　　B. CERNet　　C. ChinaGBN　　D. CSTNet

答案：A

解析：B——中国教育和科研计算机网；C——国家公用经济信息通信网络；D——中国科技信息网。

71. 以下方法不可以建立网页链接的是_____。
   A. 使用指向文件功能选择一个要链接的文件
   B. 选择要链接的对象，按下 Ctrl 键，拉出一个文件指向
   C. 在链接文本框后面选择浏览文件，选择一个要链接的文件
   D. 在链接文本框中输入网址或文件名

答案：B

解析：B 不可以。

72. 以下网络类型中，_____是按拓扑结构划分的网络分类。
   A. 无线网　　B. 星形网　　C. 城域网　　D. 公用网

答案：B

解析：星形网是按拓扑结构划分的网络分类。

73. 因特网中的域名服务器系统负责全网 IP 地址的解析工作，它的好处是_____

A. IP 地址从 32 位的二进制地址缩减为 8 位的二进制地址
B. IP 协议再也不需要了
C. IP 地址再也不需要了
D. 我们只需简单地记住一个网站的域名，而不必记 IP 地址

答案：D

解析：因特网中的域名服务器系统负责全网 IP 地址的解析工作，它的好处是只需简单地记住一个网站的域名，而不必记 IP 地址。

数字多媒体技术基础

1. 下列声音文件中属于非压缩文件的是_____。
   A. WAV　　　　B. MP3　　　　C. WMA　　　　D. 以上都不对

答案：A

解析：A 属于无损音乐格式的一种，B 选项 MP3 是有损音频压缩编码。

2. 以下文件特别适合于动画制作的是_____。
   A. PNG 格式　　B. GIF 格式　　C. BMP 格式　　D. JPEG 格式

答案：B

解析：动画存储格式文件有 FLC、MMM、GIF 和 SWF 格式。

3. 对于电子出版物，下列说法中错误的是_____。
   A. 保存期短　　B. 容量大　　　C. 可以及时传播　D. 检索迅速

答案：A

解析：对课本电子出版领域小节内容的理解。

4. 图像文件所占存储空间与_____无关。
   A. 图像分辨率　B. 显示分辨率　C. 颜色深度　　D. 压缩比

答案：C

解析：图像文件所占存储空间的大小与图像分辨率成正比，与显示分辨率有关，图像压缩比越高，所占存储空间越小。

5. 下列说法中正确的是_____。
   A. 无失真压缩法不会减少信息量，可以原样恢复原始数据
   B. 无失真压缩法可以减少冗余，但不能原样恢复原始数据
   C. 无失真压缩法的压缩比一般都比较大
   D. 无失真压缩法也有一定的信息量损失，但是人的感官觉察不到

答案：A

解析：无失真压缩法不会减少信息量，可以原样恢复原始数据。

6. 多媒体技术的特点不包括_____。
   A. 连续性　　　B. 集成性　　　C. 交互性　　　D. 多样性

答案：A

解析：多媒体技术的关键特点：多样性、集成性、交互性和实时性。

7. 关于防火墙技术，下列说法中错误的是_____。

  A. 木马、蠕虫病毒无法穿过防火墙

  B. 一般穿过防火墙的通信流都必须有安全策略的确认与授权

  C. 防火墙不可能防住内部人员对自己内部网络的攻击

  D. 一般进出网络的信息都必须经过防火墙

  答案：D

解析：所有进出网络的信息都经过防火墙。

8. 人的视觉和听觉器官分辨能力有限，将人不能分辨的那部分数据去掉，就达到了数据压缩的目的，这称为_____。

  A. 有损压缩   B. 冗余数据压缩

  C. 无失真压缩   D. 无损压缩

  答案：A

解析：把人不能分辨的那部分数据去掉，就达到了数据压缩的目的，这称为有损压缩。

9. 适合作三维动画的工具软件是_____。

  A. AutoCAD B. Authorware C. Photoshop D. 3DS MAX

  答案：D

解析：A 是画图工具，B 用于多媒体课件制作，C 是图片处理软件，D 是三维动画软件。

10. 以下不属于多媒体动态图像文件格式的是_____。

  A. MPEG   B. ASF   C. BMP   D. AVI

  答案：C

解析：视频文件格式包括 AVI 格式、MOV 格式、MPEG 格式、RM 格式、ASF 格式、DIVX 格式和 NAVI 格式。

11. 在_____视图方式下不能编辑文档。

  A. 阅读版式 B. 草稿   C. 页面   D. Web 版式

  答案：B

解析：在草稿视图方式下不能编辑文档。

信 息 安 全

1. 信息安全包括四大要素：技术、制度、_____和人。
   A. 流程　　　　　　B. 计算机　　　　　C. 软件　　　　　　D. 网络

答案：A

解析：信息安全包括四大要素：技术、制度、流程和人。

2. RSA 加密算法属于_____。
   A. 对称密钥密码　　　　　　　　　　B. 保密密钥密码
   C. 公钥密钥密码　　　　　　　　　　D. 秘密密钥密码

答案：C

解析：最著名的公钥密钥密码体制是 RSA。

3. 未经允许私自闯入他人计算机系统的人，称为_____
   A. 网络管理员　　　B. 黑客　　　　　　C. 程序员　　　　　D. IT 精英

答案：B

解析：黑客的观点——所有的信息都该是免费的、共享的。

4. 下面关于网络信息安全的一些叙述中，不正确的是_____。
   A. 网络环境下的信息系统比单机系统复杂，信息安全问题比单机更加难以得到保障
   B. 电子邮件是个人之间的通信手段，不会传染计算机病毒
   C. 防火墙是保障单位内部网络不受外部攻击的有效措施之一
   D. 网络安全的核心是操作系统的安全性，它涉及信息在存储和处理状态下的保护问题

答案：B

解析：有些病毒存在于邮件的附件。

5. 面对通过互联网传播的计算机新病毒的不断出现，最佳对策应该是_____。
   A. 安装还原卡　　　　　　　　　　　B. 及时升级防杀病毒软件
   C. 尽可能少上网　　　　　　　　　　D. 不打开电子邮件

答案：B

解析：及时清除病毒是最佳的方法。

6. 计算机病毒是_____。
   A. 既能够感染计算机，也能够感染生物体的病毒

B. 非法占用计算机资源、进行自身复制和干扰计算机的正常运行的一种程序
C. 计算机对环境的污染
D. 通过计算机键盘传染的程序

答案：B

解析：病毒的定义。

7. 下列对防火墙的说法中正确的是_____。
    A. 防火墙只可以防止内网非法用户访问外网
    B. 防火墙既可以防止内网非法用户访问外网，也可以防止外网非法用户访问内网
    C. 防火墙可以防止内网非法用户访问内网
    D. 防火墙只可以防止外网非法用户访问内网

答案：B

解析：防火墙既可以防止内网非法用户访问外网，也可以防止外网非法用户访问内网。

8. 信息不被偶然或蓄意地删除、修改、伪造、乱序、重放、插入等破坏的属性指的是_____。
    A. 完整性　　　　　B. 保密性　　　　　C. 可用性　　　　　D. 可靠性

答案：A

解析：完整性，是防止对信息的不当删除、修改、伪造、插入等破坏；保密性，是指确保信息不暴露给未经授权的实体；可用性，是指得到授权的实体在需要时能访问资源和得到服务；可靠性，是指在规定的条件下和规定的时间内完成规定的功能；不可抵赖性（又称不可否认性），是指通信双方对其收发过的信息均不可抵赖。

9. 使用公用计算机时应该_____。
    A. 随意删除他人的资料　　　　　B. 不制造、复制危害社会治安的信息
    C. 可以随意复制任何软件　　　　D. 任意设置口令和密码

答案：B

解析：应该文明使用公用电脑。

10. 在加密技术中，把明文变为密文的过程称为_____。
    A. 密文　　　　　B. 明文　　　　　C. 加密　　　　　D. 解密

答案：C

解析：把明文变为密文的过程是加密过程，加密后的叫密文。

11. 信息安全所面临的威胁来自于很多方面，大致可以分为自然威胁和人为威胁。下列选项中属于自然威胁的是_____。
    A. 结构隐患　　　　　B. 电磁辐射和电磁干扰
    C. 人为攻击　　　　　D. 软件漏洞

答案：B

解析：自然威胁来自于各种自然灾害、恶劣的场地环境、电磁辐射、电磁干扰和网络设备的自然老化等。其余三项是人为威胁。

12. 下列关于计算机病毒的叙述中，错误的是_____。
    A. 感染过计算机病毒的计算机具有对该病毒的免疫性
    B. 计算机病毒具有潜伏性

C. 计算机病毒具有传染性

D. 计算机病毒是一个特殊的寄生程序

答案：A

解析：计算机病毒的特点是没有免疫性。

13. 为了保护计算机内的信息安全，下列措施中不对的有_____。

    A. 随意从网上下载软件　　　　B. 不打开来历不明的电子邮件

    C. 对数据做好备份　　　　　　D. 安装防毒软件

答案：A

解析：不要随意从网上下载软件。

14. 目前在企业内部网与外部网之间，检查网络传送的数据是否会对网络安全构成威胁的主要设备是_____。

    A. 交换机　　　B. 防火墙　　　C. 路由器　　　D. 网关

答案：B

解析：防火墙是目前在软硬件之间、内外网之间、专用和公用电脑之间的保护屏障。

15. 通过密码技术的变换和编码，可以将机密、敏感的消息变换成难以读懂的乱码型文字，这种乱码型文字称为_____。

    A. 乱码　　　　B. 秘密　　　　C. 密文　　　　D. 编码

答案：C

解析：变换前的叫明文，变换后的叫密文。

16. 为确保学校局域网的信息安全，防止来自Internet的黑客入侵，应采用的安全措施是设置_____。

    A. 邮件列表　　B. 防火墙软件　C. 网管软件　　D. 杀毒软件

答案：B

解析：防火墙是一个用来阻止网络中的黑客访问某个机构网络的屏障。

17. 网络安全的属性不包括_____。

    A. 通用性　　　B. 保密性　　　C. 可用性　　　D. 完整性

答案：A

解析：网络安全的属性有保密性、可用性、完整性和可靠性。

18. 下列关于产生计算机病毒的原因，说法不正确的是_____。

    A. 为了表现自己的才能而编写的恶意程序

    B. 为了惩罚盗版，有意在自己的软件中添加了恶意的破坏程序

    C. 有人在编写程序时，由于疏忽而产生了不可预测的后果

    D. 为了破坏别人的系统，有意编写的破坏程序

答案：C

解析：对课本计算机病毒相关概念的理解。

19. 信息安全的四要素：_____、制度、流程和人。

    A. 计算机　　　B. 网络　　　　C. 软件　　　　D. 技术

答案：D

解析：信息安全的四要素：技术、制度、流程和人。

20. 计算机病毒是指能够侵入计算机系统并在计算机系统中潜伏、传播、破坏系统正常工作的一种具有繁殖能力的_____。

  A. 文件   B. 设备   C. 指令   D. 程序

答案： C

解析： 计算机病毒本质上就是一组计算机指令或者程序代码。

21. 在各种信息安全事故中，很大一部分是人们的不良安全习惯造成的。下列选项属于良好的密码设置习惯的是_____。

  A. 使用自己的生日作为密码

  B. 使用好记的数字作为密码，例如 123456

  C. 使用 8 位以上包含数字、字母、符号的混合密码，并定期更换

  D. 在邮箱、微博、聊天工具中使用同一个密码

答案： C

解析： 澳大利亚的标准 AS17799 建议密码的长度至少要有 8 位，并且应该混合字母和各种特殊字符，特别需要注意的是定期更换密码。

22. 为防止黑客（Hacker）的入侵，下列做法中有效的是_____。

  A. 在计算机中安装防火墙   B. 定期整理磁盘碎片

  C. 关紧机房的门窗   D. 在机房安装电子报警装置

答案： A

解析： 防火墙是一个用以阻止网络中的黑客访问某个机构网络的屏障，在网络边界上，通过建立起网络通信监控系统来隔离内部和外部网络，以阻止其通过外部网络入侵。

23. _____是指行为人通过逐渐侵吞少量财产的方式来窃取大量财产的犯罪行为。

  A. 传播计算机病毒   B. 电子嗅探

  C. 意大利香肠战术   D. 活动天窗

答案： C

解析： A 项传播计算机病毒是计算机犯罪者的一种有效手段，可能夺走大量资金、人力和资源，带来无法挽回的损失；B 项电子嗅探用来截取用户的账号和口令、经济数据、秘密信息；D 项活动天窗是指程序设计者为了对软件进行测试或维护故意设置的计算机软件系统入口点。

24. 下列关于对称密钥加密的说法中正确的是_____。

  A. 密钥的管理非常简单

  B. 加密密钥和解密密钥必须是相同的

  C. 加密方和解密方可以使用不同的算法

  D. 加密密钥和解密密钥可以是不同的

答案： B

解析： 非对称密钥加密中，加密密钥和解密密钥可以是不同的。

25. 下列操作中，不能完全清除文件型计算机病毒的是_____。

  A. 格式化感染计算机病毒的磁盘   B. 用杀毒软件进行清除

  C. 删除感染计算机病毒的文件   D. 将感染计算机病毒的文件更名

答案： D

解析：将文件更名不能清除计算机病毒。

26. 关于防火墙技术，下列说法中错误的是_____。
    A. 防火墙不可能防住内部人员对自己网络的攻击
    B. 一般穿过防火墙的通信流都必须有安全策略的确认与授权
    C. 防火墙只能预防外网对内网的攻击
    D. 一般进出网络的信息都必须经过防火墙

答案：C

解析：防火墙还可以决定内网对外网的访问。

27. 在加密技术中，把待加密的消息称为_____。
    A. 密文　　　　　B. 解密　　　　　C. 加密　　　　　D. 明文

答案：D

解析：在加密技术中，把待加密的消息称为明文。

28. 未经允许将别人的程序修改后作为自己的作品发表到网络上，这种行为是_____。
    A. 侵权行为　　　　　　　　　B. 受法律保护的
    C. 合法劳动　　　　　　　　　D. 值得提倡的

答案：A

解析：未经允许将别人的程序修改后作为自己的作品发表到网络上，这种行为是侵权行为。

29. 确保信息不暴露给未经授权的实体的属性指的是_____。
    A. 可用性　　　　　B. 保密性　　　　　C. 完整性　　　　　D. 可靠性

答案：B

解析：确保信息不暴露给未经授权的实体的属性指的是保密性。

30. 黑客是指_____。
    A. 专门在网上搜集别人隐私的人
    B. 专门对他人发送垃圾邮件的人
    C. 未经授权而对计算机系统访问的人
    D. 在网上行侠仗义的人

答案：C

解析：黑客的主要观点是所有的信息都该是免费的。

31. 计算机病毒传播的主要媒介是_____。
    A. 电源　　　　　　　　　　　B. 人体
    C. 微生物"病毒体"　　　　　　D. 磁盘与网络

答案：D

解析：计算机病毒的传播途径：网络、计算机硬件设备、移动存储设备和点对点通信系统等。

32. 用某种方法把伪装消息还原成原有的内容的过程称为_____。
    A. 消息　　　　　B. 加密　　　　　C. 密文　　　　　D. 解密

答案：D

解析：加密过程的逆过程是解密。

33. 国际标准化组织已明确将信息安全定义为"信息的完整性、可用性、可靠性和_____"。
    A. 多样性　　　　B. 灵活性　　　　C. 实用性　　　　D. 保密性
    答案：D
    解析：国际标准化组织已明确将信息安全定义为"信息的完整性、可用性、可靠性和保密性。

34. 信息安全所面临的威胁来自于很多方面，大致可以分为自然威胁和人为威胁。下列选项中属于人为威胁的是_____。
    A. 自然灾害　　　　　　　　　　B. 网络设备自然老化
    C. 结构隐患　　　　　　　　　　D. 电磁辐射和电磁干扰
    答案：C
    解析：结构隐患属于人为威胁。

35. 通过网络进行病毒传播的方式不包括_____。
    A. 文件传输　　　B. 数据库文件　　　C. 电子邮件　　　D. 网页
    答案：B
    解析：从网上下载文件、浏览网页、收看电子邮件等都可能中毒。

36. 可以修改计算机设置或安装程序，但不能读取属于其他用户的文件，没有备份和复制目录、安装或卸载设备程序以及管理安全和审核日志的权利的组是_____组。
    A. Guests　　　B. Users　　　C. Administrators　　　D. Power Users
    答案：B
    解析：标准账户可以执行管理员账户下的几乎所有操作，但是执行影响计算机其他用户的操作则需要提供密码。

37. 下列有关计算机病毒的叙述中正确的是_____。
    A. 计算机病毒容易传染给长期使用计算机的人
    B. 计算机病毒是人为编制的一种带恶意的程序
    C. 计算机病毒是指计算机长期使用后，计算机自动生成的程序
    D. 计算机病毒是指计算机长期未使用，计算机自动生成的程序
    答案：B
    解析：计算机病毒是一组人为设计的程序，这些程序隐藏在计算机系统中，通过自我复制来传播，满足一定条件被激活，从而给计算机系统造成一定损害甚至严重破坏。

38. 防火墙是指_____。
    A. 执行访问控制策略的一组系统　　　B. 一批硬件的总称
    C. 一个特定软件　　　　　　　　　　D. 一个特定硬件
    答案：A
    解析：防火墙是用于企业内部网和因特网之间实施安全策略的一个系统。

39. 下列情况中，破坏了数据的完整性的是_____。
    A. 数据在传输中途被窃听　　　　　B. 假冒他人地址发送数据
    C. 不承认做过信息的递交行为　　　D. 数据在传输中途被篡改
    答案：D

解析：A、B、C中都没有改变数据本身，D中数据被修改，破坏了数据的完整性。

40. 下列行为符合网络道德规范的是_____。
    A. 任意修改其他学校校园网上的信息
    B. 将自己个人网站的网址发布在论坛上
    C. 利用软件获取网站管理员密码
    D. 网上言论自由，可以发泄私愤，随意谩骂他人

答案：B

解析：A、C、D都违反了网络道德规范。

41. 防火墙技术可以阻挡外部网络对内部网络的入侵行为。防火墙有很多优点，下列选项中不属于防火墙的优点的是_____。
    A. 能强化安全策略   B. 能有效记录 Internet 上的活动
    C. 能防范病毒   D. 限制暴露用户点

答案：C

解析：防火墙的优点包括 A、B、D 项内容。

42. 基于密码技术的访问控制是防止_____的主要防护手段。
    A. 数据备份失败   B. 数据交换失败
    C. 数据传输泄密   D. 数据传输丢失

答案：C

解析：密码技术对要传输的信息进行加密保护。

43. 为了降低被黑客攻击的可能性，下列习惯中应该被推荐的是_____。
    A. 安装防火墙软件太影响速度，不安装了
    B. 自己的 IP 不是隐私，可以公布
    C. 将密码记在纸上，放在键盘底下
    D. 不随便打开来历不明的邮件

答案：D

解析：不随便打开来历不明的邮件，养成良好的上网习惯。

44. 计算机病毒传播的渠道不可能是_____。
    A. 读光盘   B. Word 文件   C. 鼠标   D. QQ

答案：C

解析：计算机病毒传播途径一般有 4 种：通过计算机网络进行传播；通过不可移动的计算机硬件设备进行传播；通过移动存储设备进行传播；通过点对点通信系统和无线通道传播。

45. 不属于天网防火墙功能的是_____。
    A. 可以决定某个应用程序是否可以访问网络
    B. 可以阻断任何病毒程序访问自己
    C. 可以对防火墙的安全级别进行设置
    D. 可以根据 IP 地址决定该主机是否可以访问自己的计算机

答案：B

解析：天网防火墙不能阻断所有病毒程序。

46. 杀毒软件可以进行检查并杀毒的设备是_____。

  A. 硬盘　　　　　　B. CPU　　　　　　C. U盘和光盘　　　D. 软盘、硬盘和光盘

答案：D

解析：杀毒软件可以进行检查并杀毒的设备是软盘、硬盘和光盘。

47. 国际标准化组织已明确将信息安全定义为"信息的完整性、可用性、保密性和_____"。

  A. 可靠性　　　　　B. 多样性　　　　　C. 实用性　　　　　D. 灵活性

答案：A

解析：国际标准化组织已明确将信息安全定义为"信息的完整性、可用性、保密性和可靠性"。

第 10 章

CCT 考试操作题

10.1 Windows 7 操作系统

扫一扫,观看 CCT 考试介绍视频

1. 本题文件所在文件夹 D:\exam\0732411010234\T4-1

在考生目录下有如下文件夹结构,请按照要求完成如下各题:

扫一扫,观看 CCT 考试操作题视频

(1) 将考生文件夹下 note1.txt 文件复制到考生文件夹下 def 文件夹中。
(2) 将考生文件夹下 qwe 文件夹中的文件夹 pro2 删除。
(3) 在考生文件夹下 wer 文件夹中新建一个 256 色位图文件,文件名为 screen.bmp,并在其中绘制任意图形。
(4) 将考生文件夹下 who 文件夹中的文件 temp001.txt 修改为 temp1.txt。
(5) 在考生文件夹下 bnm 文件夹中创建一快捷方式,使其指向文件夹 poi 下的文件 program.exe。

2. 本题文件所在文件夹 D:\exam\0732411020201\T4-1

考生目录下有如下文件夹结构，请按照要求完成如下各题：

扫一扫，观看 CCT 考试操作题视频

（1）将考生文件夹下 dog 文件夹中的文件 program.exe 改名为 prog.txt。
（2）在考生文件夹下 black 文件夹中新建文件夹 bird。
（3）删除文件夹下 ox 文件夹及其中文件。
（4）将考生文件夹下 pig 文件夹中的文件 abc.bmp 移动至文件夹 camel 中。
（5）修改考生文件夹下 panda 文件夹的属性，为其添加隐藏属性。

3. 本题文件所在文件夹 D:\exam\0732411030221\T4-1

考生目录下有如下文件夹结构，请按照要求完成如下各题：

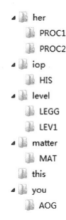

扫一扫，观看 CCT 考试操作题视频

（1）在文件夹 HIS 下新建一个文件夹 ME。
（2）将文件夹 AOG 压缩为压缩文件 AOG.zip，并放在 this 文件夹中。
（3）删除文件夹 PROC2 下的 TOOL.exe 文件。
（4）将考生文件夹下 level 文件夹中的 LEGG 文件夹改名为 LEV2。

（5）将文件夹 MAT 中的文件 README.txt 设置为只读。

4. 本题文件所在文件夹 D:\exam\0732411040204\T4-1

在考生目录下有如下文件夹结构，请按照要求完成如下各题：

扫一扫，观看 CCT 考试操作题视频

（1）利用搜索功能查找考生文件夹下所有以 R（不区分大小写）开头的文件，并将这些文件删除。

（2）删除 COMPUTER 文件夹。

（3）把文件夹 CABAL 重命名为 GLASSES。

（4）去除 HM 文件夹下名为"COMPUTER.txt"的文件的"隐藏"属性。

（5）在 DISP 文件夹下新建名为"CHART.jpg"的图片文件，并在其中绘制一个圆形。

5. 本题文件所在文件夹 D:\exam\0732411050211\T4-1

在考生目录下有如下文件夹结构，请按照要求完成如下各题：

扫一扫，观看 CCT 考试操作题视频

（1）将文件夹 NFF 下的文件 TEMP.bmp 改名为 NEW.txt。

（2）删除文件夹 OLD 下的文件夹 PPA。

（3）将文件夹 SNN 下的文件 SSS.txt 移动至文件夹 SAA 下。

（4）将文件夹 GXX 压缩为一文件 GXX.zip，并放在文件夹 GHH 下。

（5）设置文件夹 VPP 下的文件夹 VIP 的属性，去掉其隐藏属性。

6. 本题文件所在文件夹 D:\exam\0732411060203\T4-1

考生目录下有如下文件夹结构，请按照要求完成如下各题：

扫一扫，观看 CCT 考试操作题视频

（1）在 TRAIN 文件夹中创建文件名为"EXCISE.docx"的 Word 文件，并将设置"屏幕分辨率"的活动窗口复制到该文件中。

（2）利用搜索功能查找 WINEXE 文件夹下所有以"S"开头的文件，并将其复制到 OPERATE 文件夹下。

（3）删除 FRIND 文件夹。

（4）将文件夹 MOVE 更名为 LOAD，并将文件夹 LOAD 移动到文件夹 DISP 下。

（5）将文件夹 HM 下名为 JSJ.txt 的文件属性修改为只有"隐藏"属性。

7. 本题文件所在文件夹 D:\exam\0732411070207\T4-1

在考生目录下有如下文件夹结构，请按照要求完成如下各题：

扫一扫，观看 CCT 考试操作题视频

（1）将文件夹 SAT2 移动至文件夹 SAT1 中，并将其改名为 SUB。

（2）删除文件夹 BAD 下的文件 TEMP.txt。

（3）在文件夹 EXCEL 下新建一个图文件 DESK.bmp，并抓取任意屏幕存放于该位图文件。

（4）将文件夹 BOX 下的文件 FIRST.bmp 移动至文件夹 GOT 中。

(5)为文件夹 SOFT 下的文件 FLAG.exe 创建快捷方式 FLAG,并将其放在文件夹 BOOK 中。

8. 在考生目录下有如下文件夹结构,请按照要求完成如下各题

(1)删除文件夹 bread 下的文件夹 koo。
(2)将文件夹 efb 下的文件夹 dff 改名为 cpu。
(3)将文件夹 WDV 下的文件夹 OPO 及其下的内容一起移动至文件夹 pap 下。
(4)在文件夹 kak 下新建一文本文件 CAN.txt,并在其中输入任意文字。
(5)修改文件夹 tomat 下的文件夹 EDJ 的属性,去掉其隐藏属性。

9. 在考生目录下有如下文件夹结构,请按照要求完成如下各题

(1)将文件夹 SUM 下的文件 ABC.txt 改名为 TEMP.bmp。
(2)删除文件夹 JAN 下的文件夹 JUNE。
(3)在文件夹 JD 下新建一文件夹 AU。
(4)修改文件夹 SUN 下的文件 SETUP.exe 的属性,使其具有隐藏属性、只读属性。
(5)将文件夹 MOON 下的文件夹 CS 及其下所有文件和文件夹移动至文件夹 STAR 中。

10.2 字处理软件 Word 2010

1. 本题文件所在文件夹 D:\exam\0732411010234\T5-1

启动 Word 2010，打开考生文件夹下的"谁动了大学生的钱袋子.docx"文件，按下列要求操作，并将结果以原文件名保存。

扫一扫，观看 CCT 考试操作题视频

（1）在正文第 1 段"眼下的校园生活……做了如上描述。"前添加标题文字为"谁动了大学生的钱袋子"，字体为"隶书"，字号为"二号"，颜色为主题颜色"深蓝，文字 2"，字形为"粗体"，对齐方式为"居中"。

（2）页面设置，纸张大小为"16 开（18.4 厘米×26 厘米）"，上、下、左、右页边距均为"1.5 厘米"。

（3）设置正文中的"1.'温饱'消费只占三成——吃饭穿衣每月花费不大"、"2.手机、电脑、MP3 电子产品消费——大学生不亚于白领"……"6.考证、出国——大学生消费新增长点"六个小标题字体为"黑体"，字形为"加粗"，段前、段后间距均为 7.75 磅。

（4）在正文中插入任意一个与钱相关的剪贴画，设置环绕方式为"衬于文字下方"，并设置高度为 5 厘米，宽度为 6 厘米，调整位置放于前三段内容中。

（5）设置页眉文字为"谁动了大学生的钱袋子"，对齐方式为"居中"。

参考结果如下：

2. 本题文件所在文件夹 D:\exam\0732411020201\T5-1

启动 Word 2010，打开考生文件夹下的"巴西世界杯.docx"文件，按下列要求操作，并将结果以原文件名保存。

（1）将文章标题"巴西世界杯"设为黑体、二号、加粗、居中对齐。给"同时，巴西世界杯是首届运用门线技术的世界杯。"这句话添加下划线，下划线类型为双实线，下划线颜色为红色。

扫一扫，观看 CCT 考试操作题视频

（2）在以"2014 年巴西世界杯（英语：2014 FIFA World Cup）是第 20 届世界杯足球赛。"开始的段中插入"综合练习\巴西世界杯会徽.jpg"，并调整图片大小，图片的高度设置为 3 厘米，宽度设置为 3 厘米。环绕方式为四周 3 型。

（3）将以"根据国际足联公布的巴西世界杯分组抽签规则，第一档球队共计有 8 支，由东道主以及 2013 年 10 月世界排名最高球队组成。"开始的段落设置为悬挂缩进两个字符，对齐方式为分散对齐，并设置此段落的段前段后距离为 0.5 行和 0.5 行。

（4）给文章添加页眉"世界杯"，设置页眉、页脚距边界的距离为 1 厘米和 1.5 厘米。

（5）将"具体抽签结果参见下表："下面的数据转换成 5 列、9 行的表格，表头文字设置为黑体。并将表格的行高调整为 1 厘米，根据内容调整列宽，表格居中。

参考结果如下：

3. 本题文件所在文件夹 D:\exam\0732411030221\T5-1

启动 Word 2010，打开考生文件夹下的"计算器.docx"文件，按下列要求操作，并将结果以原文件名保存。

（1）将文章标题"计算器的起源和发展"改为隶书、二号、红色，并将其居中对齐。除标题行外前四个段落，首行缩进 2 字符，除标题行外所有段落段前、段后间距均设置为 0.5 行，行

扫一扫，观看 CCT 考试操作题视频

距设为 1.75 倍。

（2）给"中国古代最早采用的一种计算工具叫筹策，"这句话设置下划线，下划线类型为波浪线，下划线颜色为红色。

（3）在以"Windows 操作系统都自带计算器软件程序，其中科学型计算器如下图所示"开始的段后以嵌入方式插入 windows 自带的计算器应用程序"科学型"界面截图，并调整图片大小，图片的高度设置为 5 厘米，宽度按照纵横比自动调整。

（4）删除本文档中表格的空行和空列。表格中单元格文本的水平和垂直方向都居中，表头文字设置为粗体。将第 1 列的宽度设置为 4 厘米，第 2 列的宽度设置为 10 厘米，表格居中。

（5）给文章添加页眉"计算器的起源和发展"，且页眉、页脚距边界的距离分别设置为 1.3 厘米和 1.5 厘米。

参考结果如下：

4. 本题文件所在文件夹 D:\exam\0732411040204\T5-1

启动 Word 2010，打开考生文件夹下的"GRE 考试介绍.docx"文件，按下列要求操作，并将结果以原文件名保存。

（1）将文章标题变成黑体、二号、加粗并居中显示。

（2）除标题行外其他段落，首行缩进 2 字符，段前间距设置为 0.5 行，行距设为 1.25 倍。

（3）将本文档的页面方向设置为"纵向"，并插入页眉"GRE"。给"考试形式"和"算分"这两个独立段添加项目编号 1.、2.。将文章第一句话设置双下划线，下划线颜色为红色。

扫一扫，观看 CCT 考试操作题视频

（4）在第二段段后插入新段落，以嵌入式方式插入图片"考试.png"并居中显示，调整其大小为高3厘米，宽4厘米。

（5）在段落"2013年9月部分高分考生成绩对照表"前分页，为表格添加所有框线，设置列宽为1.8厘米，前两行表头文字设置为粗体，整个表格居中。

参考结果如下：

5. 本题文件所在文件夹 D:\exam\0732411050211\T5-1

启动 Word 2010，打开考生文件夹下的"Discovery 探索频道.docx"文件，按下列要求操作，并将结果以原文件名保存。

（1）将文章标题"Discovery 探索频道"改为黑体、二号、加粗，并将其居中对齐。

（2）将除标题行外其他段落，首行缩进2字符，段前、段后间距均设置为0.5行，行距设为1.25倍。

扫一扫，观看CCT考试操作题视频

（3）在第一段中插入考生文件夹下的图片"探索频道.jpg"，调整环绕方式为四周型，并设置标记艺术效果。

（4）将"探索频道简介表"内容转换成2列、12行的表格，表格中单元格内容的水平和垂直方向都居中，表头文字设置为粗体，并将第1列的宽度设置为3厘米和黄色底纹，第2列的宽度设置为8厘米和绿色底纹，表格居中。

（5）将该文档上、下、左、右页边距分别设置为2厘米、2厘米、3厘米和3厘米，并在页面底端中间位置设置页脚文字"探索",页脚距边界 1 厘米。

参考结果如下:

6. 本题文件所在文件夹 D:\exam\0732411060203\T5-1

启动 Word 2010,打开考生文件夹下的"济南国际园博园.docx"文件,按下列要求操作,并将结果以原文件名保存。

(1)将文章标题"济南国际园博园"改为黑体、二号、加粗,并将其居中对齐。除标题行外其他段落,首行缩进 2 字符,段前、段后间距均设置为 0.5 行,行距设为 1.25 倍。

扫一扫,观看 CCT 考试操作题视频

(2)给文章添加页眉"济南国际园博园",且页眉、页脚距边界的距离分别设置为 1 厘米和 2 厘米。给"济南园博园于 2008 年 10 月 19 日开工建设,2009 年 9 月 22 日建成开放。"这句话设置下划线,下划线类型为粗线,颜色为红色。

(3)在以"济南园博园占地面积 5 176 亩"开始的段中插入"风景.jpg",并调整图片大小,图片的高度设置为 4 厘米,宽度设置为 5 厘米。环绕方式为四周型,并调整位置到段落右侧。

(4)将"门票价格表:"下的数据转换成 2 列、4 行的表格,表格中单元格内容的水平和垂直方向都居中,表头文字设置为粗体。在表格末尾增加一新行,新行数据为:"年龄 60 岁及以上""免费",并将第 1 列的宽度设置为 4 厘米,第 2 列的宽度设置为 3 厘米,表格居中。

(5)将该文档上、下、左、右页边距分别设置为 2 厘米、2 厘米、3 厘米和 3 厘米。

参考结果如下:

济南国际园博园

济南国际园博园

济南国际园林花卉博览园(简称济南园博园)是第七届中国(济南)国际园林花卉博览会的会址。济南园博园于 2008 年 10 月 19 日开工建设,2009 年 9 月 22 日建成开放。园区位于济南市长清区大学科技园内,距济南市区约 25 千米,周围景色优美,山水兼备,与长清历史文化古城区相连,毗邻经济技术开发区、农业高新技术开发区、五峰山旅游度假区,过境道路有 104 国道、220 国道、济荷高速,交通便利。

济南园博园占地面积 5 176 亩,其中水面面积 1 440 亩,陆地面积 3 736 亩,园区内主要包括公共展区、中央湖区、国内园展区、国际未来园展区、专类园展区、休闲娱乐区、室内展区等景观区域,是目前国内最大的陆地园博园,展园总数达 108 个,包括 17 个省内城市、45 个其他城市、我国港澳台地区以及 21 个国外城市、9 个设计师展园和 13 个专类园,精彩纷呈,美不胜收。水之门、花博大道、和谐广场、主展馆、科技展馆等主题建筑气势宏伟,各具特色。

济南园博园是集园林景观、生态旅游、植物科普、文化博览、休闲度假、水上游览为一体的大型综合性国际博览园,将是继"一山、一水、一圣人"之后山东省又一新的代表性旅游景点。

门票价格表:

票别	价格
普通市民(个人)	60 元/人
普通团队票(20 人及以上的团队)	55 元/人
学生团队票(高中和义务教育阶段学生 20 人以上的团队)	30 元/人
年龄 60 岁及以上	免费

7. 本题文件所在文件夹 D:\exam\0732411070207\T5-1

启动 Word 2010,打开考生文件夹下的"普吉岛.docx"文件,按下列要求操作,并将结果以原文件名保存。

(1)为文章添加标题"普吉岛旅游",设置格式为黑体、二号、红色,并将其居中对齐。

(2)除标题行外其他段落,首行缩进 2 字符,段前、段后间距均设置为 0.5 行,行距设为 1.5 倍。

扫一扫,观看 CCT 考试操作题视频

（3）在最后一段后插入"普吉岛.jpg"，并调整图片大小，图片的高度设置为4厘米，宽度设置为5厘米，环绕方式为四周型，适当调整图片位置使其在段落右侧。

（4）将"简介列表如下："的数据转换成2列、9行的表格，表格中单元格内容的水平和垂直方向都居中，将"简介列表如下："文字设置为粗体。将第1列的宽度设置为4厘米，第2列的宽度设置为8厘米，表格居中。

（5）将该文档上、下、左、右页边距分别设置为2厘米、2厘米、2厘米和2厘米。给文章添加页眉"普吉岛"，且页眉、页脚距边界的距离均设置为1厘米。

参考结果如下：

8. 本题文件所在文件夹 D:\exam\ 1522411010308\T5-1

启动Word 2010，打开考生文件夹下的"2014巴西世界杯.docx"文件，按下列要求操作，并将结果以原文件名保存。

（1）将文章标题"2014巴西世界杯"改为黑体、二号、蓝色，并将其居中对齐。

（2）将正文第一段的格式，应用到此后的段落中，并给"同时，巴西世界杯采用了三种先进技术。"这句话设置下划线，下划线类型为粗线，下划线颜色为红色。

（3）给文章添加页脚"2014"并居中，且页眉、页脚距边界的距离分别设置为1.8厘米和2厘米，将本文档的页面方向设置为"横向"。

（4）在以"世界杯上使用的门线技术由两部分构成。"开始的段中插入"门线技术.jpg"，并调整图片大小,图片的高度设置为4厘米,宽度设置为6厘米,环绕方式为四周型。

(5)将文章从"四分之一决赛表"开始(包含本行)另起一页,将"四分之一决赛表"内容以空格为判断标准转换成2列、5行的表格,在第一列之前插入新列"序号"(序号值为1到4),设置该列列宽为2厘米,表格中单元格文字水平居中,表头文字设置为粗体,整个表格居中。

参考结果如下:

四分之一决赛表

序号	时间	对阵
1	07月05日 00:00	法国 0-1 德国
2	07月05日 04:00	巴西 2-1 哥伦比亚
3	07月06日 00:00	阿根廷 1-0 比利时
4	07月06日 04:00	荷兰 4-3 哥斯达黎加

9. 本题文件所在文件夹 D:\exam\ 1522311040207\T5-1

启动 Word 2010,打开考生文件夹下的"圆周率的起源和发展.docx"文件,按下列要求操作,并将结果以原文件名保存。

(1)将文章标题"圆周率的起源和发展"改为隶书、二号、蓝色,并将其居中对齐。

(2)将除标题行外其他段落段前、段后间距均设置为0.5行,行距设为1.25倍。将四个独立成段的时代说明加粗,并给四个独立成段的时代说明分别加上圆点样项目符号。

(3)给文章添加页眉"圆周率的起源和发展",且页眉、页脚距边界的距离分别设置为2厘米和2厘米。

(4)在以"古希腊作为古代几何王国对圆周率的贡献尤为突出。"开始的段中插入"圆周率.jpg",环绕方式为四周型,并设置为"玻璃"艺术效果,重新着色为"橙色,着色2 浅色"。

(5)设置整个表格居中对齐,删除表格前的空行。表格标题及首行均加粗显示,设置第 1

列为 2.5 厘米宽度。在表格末尾增加一新行,新行数据为:"2010 年　近藤茂　10 万亿位"。

参考结果如下:

10.3　电子表格系统 Excel 2010

1. 本题文件所在文件夹 D:\exam\0732411010234\T6-1

启动 Excel,打开考生文件夹下的"销售统计表.xlsx"文件,按下列要求操作,对"Sheet1"中的表格按以下要求操作,并将结果以原文件名保存在考生考号文件夹中。

（1）设置标题,文字为隶书、28 磅、粗体,并在 A1:H1 区域中跨列居中,单元格填充图案为"红色,强调文字颜色 2,淡色 60%"。

扫一扫,观看 CCT 考试操作题视频

（2）为 A3:H10 区域设置表格的边框线为所有框线,并将该区域中的所有数据在单元格内垂直和水平方向上全居中。

（3）设置 A3:H10 区域中列宽为 10,第三行的行高为 30,其他行行高为 20,第三行的数据设置为自动换行。

（4）使用 Sum 函数计算每一季度的合计及每个城市的销售总额,使用 If 函数计算销售业绩（=销售总额小于等于 9 000 为"中",9 001 到 9 999 为"良",大于等于 10 000 为"优"),并使用 Rank 函数计算"销售排名"。

(5) 以"城市"和"销售总额"列中的数据为数据源,在数据表下方生成一个二维分离型饼图,图表设计布局为"布局1",图表标题为"全年软件销售统计图",图表高度为8厘米、宽度为13厘米。

参考结果如下:

城市	季度一/万元	季度二/万元	季度三/万元	季度四/万元	销售总额/万元	销售业绩	销售排名
				利润率	0.75		
济南	1 500	1 500	3 000	4 000	10 000	优	2
北京	1 500	1 800	2 550	4 900	10 750	优	1
上海	1 200	1 800	1 800	4 400	9 200	良	4
深圳	700	1 300	1 600	2 900	6 500	中	6
杭州	1 300	2 421	2 700	2 520	8 941	中	5
天津	2 100	2 390	3 210	1 800	9 500	良	3
合计	8 300	11 211	14 860	20 520	54 891		

表格标题:环球公司全年软件销售统计表

饼图标题:全年软件销售统计图
- 济南 18%
- 北京 20%
- 上海 17%
- 深圳 12%
- 杭州 16%
- 天津 17%

2. 本题文件所在文件夹 D:\exam\0732411020201\T6-1

启动 Excel,打开考生文件夹下的"股票走势.xlsx"文件,对"股票走势"数据表按以下要求操作,并将结果保存在原位置。收盘价是指某种证券在证券交易所一天交易活动结束前最后一笔交易的成交价格。

扫一扫,观看 CCT 考试操作题视频

(1) 设置标题,文字为黑体、20磅、粗体,并在 A1:N1 区域中合并、居中,行高 30。

(2) 在 J3 单元格中,使用 Min 函数求出该股票今日最低价,并将该公式向下填充 J4:J7 区域。在 K3 单元格中,使用 Max 函数求出该股票今日最高价,并将该公式向下填充 K4:K7 区域。在 L3 单元格中,利用公式计算今日涨跌:今日涨跌=最高价-最低价,并将该公式向下填充 L4:L7 区域。在 M3 单元格中,利用公式计算今日涨幅:今日涨幅=今日涨跌/昨收盘,并将该公式向下填充 M4:M7 区域。

(3) 在 K9 单元格中,使用 Average 函数求出今日平均涨幅。

(4) 设置 A2:N7 区域中的行高为 30,并为该区域表格设置所有框线,在 N3 单元格中插入折线图迷你图,并向下填充 N4:N7 区域。

（5）以 B2：C7 和 I2：I7 区域数据为数据源，在当前表中生成一个二维簇状柱形图，图表设计布局为"布局1"，图表标题为"股票价格变化图"。

参考结果如下：

3. 本题文件所在文件夹 D:\exam\0732411030221\T6-1

启动 Excel，打开考生文件夹下的"本学期期末成绩单.xlsx"文件，对数据表"本学期期末成绩"中的数据按以下要求操作，并将结果以原文件名保存。

（1）设置标题，文字为楷体、24磅，在 A1：H1 区域中合并、居中。

扫一扫，观看 CCT 考试操作题视频

（2）使用 Sum 函数计算表中每个同学的"总成绩"；使用 Average 函数计算表中每个同学的"平均成绩"；在 H2 单元格中输入"名次"；使用 Rank 函数计算每位同学的名次；使用 Max 函数在 F9 单元格中计算总成绩中的最高分；使用 CountIf 函数，在 G9 单元格中，计算平均成绩超过 80 的学生人数。

（3）设置 G3：G8 区域中的单元格数值，保留 1 位小数，使用条件格式，设置 C3：E8 区域中的所有不及格的分数。设置自定义格式：字体颜色为红色，为单元格 G9 添加批注"平均成绩超过 80 的学生人数"。

（4）为 A2：H8 区域中的单元格添加所有框线，并设置其中的数据水平、居中、对齐。

（5）以 B2：E8 区域中的数据为数据源，在数据表的下方生成一个二维簇状柱形图，图表设计布局为"布局 3"，图表标题为"学生期末成绩比较图示"，为其添加纵向轴标题为：科目成绩，图表形状样式设置为：彩色轮廓—橄榄色，强调颜色 3。

参考结果如下：

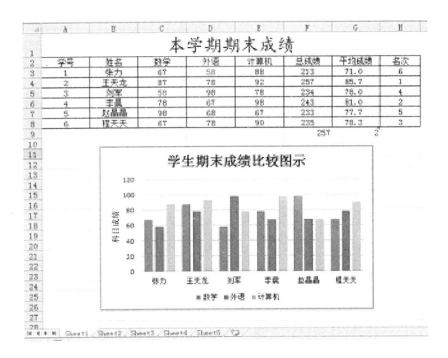

4. 本题文件所在文件夹 D:\exam\0732411040204\T6-1

启动 Excel，打开考生文件夹下的"学生奖学金.xlsx"文件，对数据表"学生基本信息"中的数据按以下要求操作，并将结果以原文件名保存。

说明：学号的前四位表示年级，如：200601130007，2006 表示年级；身份证号的第 17 位表示性别，奇数表示"男"，偶数表示"女"，第 7、8、9、10 位表示出生年份。

扫一扫，观看 CCT 考试操作题视频

（1）在 A1 单元格输入表格标题"奖学金发放情况表"，设置标题文字为隶书、20 磅、粗体，并在 A1:F1 区域中合并、居中。

（2）使用 If 等函数计算表中每个同学的"性别"，使用 Left 函数为"年级"列填充数据，在 D16 单元格中，使用 SumIf 函数计算男生获得奖学金总额，在 D17 单元格中，使用 CountIF 函数计算获得大于等于 4 000 元奖学金的人数。

（3）设置 A2:F14 区域的行高为 20，将该区域中的所有数据在单元格内垂直和水平方向上全居中，并将该区域设置表格的边框线设置为所有框线。

（4）用条件格式为"奖学金"列设置色阶，色阶规则为："红黄绿色阶"，并为 D16 中的数据设置为"会计专用"，其中，货币符号为"¥"。

（5）以"姓名""奖学金"列中的数据为数据源，在数据表的下方生成一个柱形图中的"簇状圆柱图"，图表设计布局为"布局 5"，图表标题为"奖学金比较"，纵向轴标题为"奖学金额"，图表大小高度为 8 厘米、宽度为 13 厘米，图表格式设置为：彩色轮廓—

水绿色，强调颜色 5。

参考结果如图：

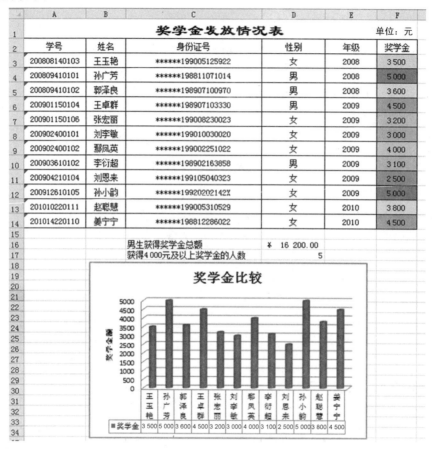

5. 本题文件所在文件夹 D:\exam\0732411050211\T6-1

启动 Excel，打开考生文件夹下的"销售记录表.xlsx"文件，对数据表"销售记录表"中的数据按以下要求操作，并将结果保存在原位置。

（1）设置表1标题，文字为隶书、20磅、蓝色，并在 A2：E2 区域中合并、居中。

扫一扫，观看 CCT 考试操作题视频

（2）在表 1 中二季度与四季度两列之间插入新列，列内容为"三季度、480、208、625、383、510、570"，将表格 A3：F10 区域加上所有框线，颜色为蓝色，并将该区域中的所有数据在单元格内水平居中。

（3）使用 Sum 函数计算表 1 中每一季度的合计，使用 Average 函数计算表 1 中每一产品 4 个季度的销售均值，使用 Vlookup 函数查找表 2 中的产品所对应的三季度的销售记录，并填充到相应的单元格中。

（4）以表 1 中的数据为数据源，在表 2 的下方生成一个二维簇状柱形图，图表设计布局为"布局 10"，样式为"样式 1"，图表标题为"销售记录分析图"，图表格式设置为：彩色轮廓—蓝色，强调颜色 1。

（5）将 sheet2 表重命名为"备用表"，删除 sheet3 表。

参考结果如下：

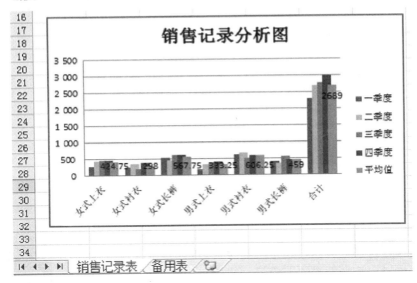

6. 本题文件所在文件夹 D:\exam\0732411060203\T6-1

启动 Excel，打开考生文件夹下的"学生成绩表.xlsx"文件，对数据表"学生成绩表"中的数据按以下要求操作，并将结果以原文件名保存。

（1）设置标题文字为黑体、加粗、24 磅，并设置在 A1:L1 区域，合并、居中。

扫一扫，观看 CCT 考试操作题视频

（2）使用 Average 函数计算表中每个同学的"平均分"，使用 Sum 函数计算表中每个同学的"总成绩"，使用 Max 函数在 C13 单元格中计算总成绩中的最高分，使用 CountIf 函数在 C12 单元格中计算男生人数。将所有记录按照总分降序排序。

（3）设置 K3:K10 区域中的单元格数值，保留 1 位小数，使用条件格式，设置 1986 年以后出生的出生日期为红色、加粗。

75

（4）以 C2:C10 区域和 H2:J10 区域中的数据为数据源，在数据表的下方生成一个簇状圆柱图，设置图表布局为"布局 1"，图表标题为"学生成绩"，图表高度为 6 厘米，宽度为 10 厘米。

（5）设置 A2:L10 区域中所有内容垂直方向和水平方向均居中，为该区域加红色双线外框。参考结果如下：

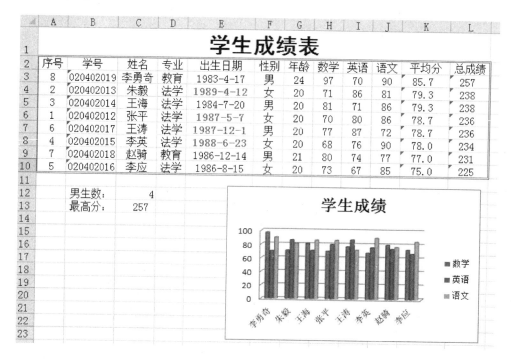

7. 本题文件所在文件夹 D:\exam\0732411070207\T6-1

启动 Excel，打开考生考号文件夹下的"工资表.xlsx"文件，对其中的数据按以下要求操作，并将结果以原文件名保存。

（1）设置标题，文字为黑体、20 磅、粗体，并在 A1:K1 区域中合并、居中。

（2）计算出每个人的应发工资和实发工资，在 C18 单元格中，使用 CountIf 函数计算出性别为男的人数，在 J18 单元格中，使用 SumIf 函数计算性别为女的应发工资总额，在 K18 单元格中计算出平均实发工资。

扫一扫，观看 CCT 考试操作题视频

（3）设置 A2:K17 区域行高为 18，将该区域中的所有数据在单元格内垂直和水平方向上全居中，并将该区域设置表格的边框线设置为所有框线。

（4）用条件格式为"实发工资"列设置数据条：渐变填充，绿色数据条，并为 J18、K18 中的数据设置为"会计专用"格式，其中货币符号为"¥"，保留两位小数。

（5）以"姓名""实发工资"列中的数据为数据源，在数据表的下方生成一个二维簇状柱形图，图表设计布局为"布局 5"，图表标题为"实发工资比较图示"，纵向轴标题为：实发工资额，图表大小高度为 8 厘米、宽度为 13 厘米，图表格式设置为：彩色轮廓—橙色，强调颜色 6。参考结果如下：

	A	B	C	D	E	F	G	H	I	J	K
1					3月份工资明细表						
2	序号	姓名	性别	职称	基本工资	薪级工资	补贴	房贴	水电费	应发工资	实发工资
3	9901001	赵三丰	男	教授	1 420	350	474	273	180	2 517	2 337
4	9901002	王振才	男	讲师	645	240	261	85	130	1 231	1 101
5	9901003	马建民	男	副教授	960	320	380	179	155	1 839	1 684
6	9901004	王 霞	女	讲师	645	300	267	83	180	1 295	1 115
7	9901005	王建美	女	讲师	645	310	270	93	180	1 318	1 138
8	9901006	王 磊	男	教授	1 420	400	491	282	185	2 593	2 408
9	9901007	艾晓敏	女	讲师	645	295	292	65	175	1 297	1 122
10	9901008	刘方明	男	讲师	645	280	273	76	175	1 274	1 099
11	9901009	刘大力	男	副教授	960	320	385	172	179	1 837	1 658
12	9901010	刘国强	男	讲师	645	270	279	82	185	1 276	1 091
13	9901011	刘凤昌	男	讲师	645	310	283	90	140	1 328	1 188
14	9901012	刘国明	男	讲师	645	280	293	84	170	1 302	1 132
15	9901013	孙海亭	女	讲师	645	190	282	63	180	1 180	1 000
16	9901014	牟希雅	女	副教授	960	340	365	189	180	1 854	1 674
17	9901015	张 英	女	讲师	645	200	276	70	150	1 191	1 041
18			8							¥10 728.00	¥1 385.87

8. 本题文件所在文件夹 D:\exam\1522311020219\T6-1

启动 Excel，打开考生文件夹下的"月度销售统计.xlsx"文件，对数据表按以下要求操作，并将结果以原文件名保存。

（1）设置标题，文字为黑体、20 磅、粗体，并在 A1:F1 区域中合并、居中。

（2）使用 Sum 函数分别计算每人共计销售额和每种产品的共计销售额，在 E15 单元格中使用 CountIf 函数计算销售额在 30 万元（含）以上的人员数，在 E17 单元格中，使用 Average 函数计算销售人员平均销售额；在 E19 单元格中，使用 Max 函数计算最畅销产品共计销售额；在 E21 单元格中，使用 Min 函数计算最不畅销产品共计销售额。

（3）设置 A2:F12 区域行高为 20，设置该区域单元格内垂直和水平方向上全居中，并为该区域表格设置所有框线。

（4）用条件格式对"共计"列值小于 100 000 的单元格用浅红填充。

（5）将 B3:E3 以及 B12:E12 区域数据复制到 sheet2 表，以此数据为数据源，在 sheet2 表中生成一个二维饼图，图表布局为"布局 1"，图表标题为"所有人员销售额占比"，图表高度为 8 厘米、宽度为 12 厘米。

参考结果如下：

"基本数据"表：

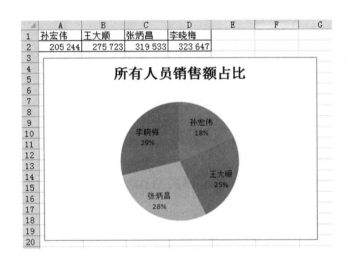

"sheet2"表：

9. 本题文件所在文件夹 D:\exam\1522311040207\T6-1

启动 Excel，打开考生文件夹下的"收费统计表.xlsx"文件，对数据表"Sheet1"中的数据按以下要求操作，并将结果以原文件名保存。

（1）在门牌号前插入一列"序号"，使用函数 Left 截取门牌号的第一位作为序号。

（2）设置标题文字为黑体、16磅，并在 A1:G1 区域中合并、居中，标题行行高设置为22。

（3）使用公式计算金额列，金额=水费+电费+煤气费，在 A7 单元格输入"总计"；使用 Sum 函数计算水费、电费、煤气费、金额的总金额，结果写入下方相应单元格中；使用 CountIf 函数统计未交人数和已交人数，并使用条件格式新建规则将交费情况为"未交"的用红色字体显示。

（4）给单元格区域（A2:G7）中的所有单元格加上细边框线，其中的数据水平方向及垂直方向均居中。

（5）以表中的"门牌号"和"金额"两列为数据源，在下方生成一个二维簇状柱形图，图表设计布局为"布局 5",样式为"样式 5",图表标题为"使用情况图",并加上蓝色实线边框。

参考结果如下:

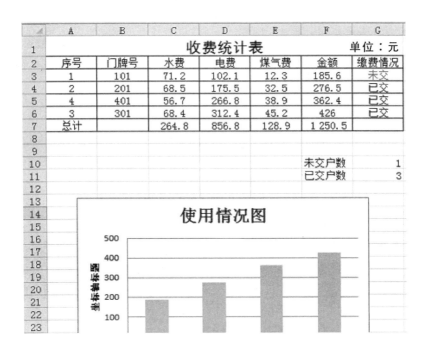

10.4　演示文稿软件 PowerPoint 2010

1. 本题文件所在文件夹 D:\exam\0732411010234\T7-1

启动 PowerPoint 2010,打开考生文件夹下的"壶口瀑布.pptx"文件,按下列要求操作,将操作结果保存在原文件中。

(1) 将演示文稿主题设置为"流畅",第二张幻灯片的背景纹理设置成"白色大理石"。

扫一扫,观看 CCT 考试操作题视频

(2) 为第一张幻灯片设置切换效果:轨道,自底部,电压声音,自动换页时间为 2 秒,持续时间为 3 秒。

(3) 为第三张幻灯片上的"冰瀑奇观"建立超链接,链接到第五张幻灯片,并在第五张幻灯片上插入动作按钮,文字设为"返回",幻灯片放映时,单击返回第三张幻灯片。

(4) 为第二张幻灯片上的标题设置动画效果:翻转式,由远及近,在上一动画之后开始播放,持续时间为 3 秒。为幻灯片上其他文本设置动画:放大/缩小,方向水平,持续时间为 3 秒,单击鼠标开始动画。

2. 本题文件所在文件夹 D:\exam\0732411020201\T7-1

启动 PowerPoint 2010，打开考生文件夹下的"中国名山.pptx"文件，按下列要求操作，将操作结果保存在原文件中。

（1）将演示文稿主题设置为"聚合"，并将第一张幻灯片的背景纹理设置为"水滴"效果。

（2）为第二张设置切换效果：揭开，自底部，鼓掌声音，自动换页时间为 3 秒，持续时间为 3 秒。

扫一扫，观看 CCT 考试操作题视频

（3）为第二张幻灯片上的"三山"建立超链接，链接到第四张幻灯片，并为第二张幻灯片上的"四大道教名山"设置动作，幻灯片放映时，单击链接到第六张幻灯片。

（4）为第五张幻灯片上的标题文字设置动画效果：飞入，自右侧，持续时间为 2 秒，单击鼠标开始动画。为幻灯片上其他内容设置动画：弹跳，持续时间为 3 秒，开始于上一动画之后。

3. 本题文件所在文件夹 D:\exam\0732411030221\T7-1

启动 PowerPoint 2010，打开考生文件夹下的"端午节.pptx"文件，按下列要求操作，将操作结果保存在原文件中。

（1）将演示文稿主题设置为"视点"，第二张幻灯片的背景纹理设置成"信纸"。

（2）为第一张幻灯片设置切换效果：揭开，从左上部，鼓掌声音，自动换页时间为 2 秒，持续时间为 3 秒。

扫一扫，观看 CCT 考试操作题视频

（3）为第三张幻灯片上的"艾叶菖蒲—驱毒除瘟"建立超链接，链接到第五张幻灯片，并在第五张幻灯片上插入自定义动作按钮，文字为"返回目录"，幻灯片放映时，单击返回第三张幻灯片。

（4）为第四张幻灯片上的标题文字"吃粽子—清热除烦"设置动画效果：劈裂，在上一动画之后开始播放，持续时间为 3 秒。为幻灯片上其他内容设置动画：擦除，自顶部，持续时间为 3 秒，单击鼠标开始动画。

4. 本题文件所在文件夹 D:\exam\0732411040204\T7-1

启动 PowerPoint 2010，打开考生文件夹下的"故宫.pptx"文件，按下列要求操作，将操作结果保存在原文件中。

（1）将演示文稿主题设置为"精装书"，第二张幻灯片的背景纹理设置为"鱼类化石"。

（2）为第一张幻灯片设置切换效果：碎片，粒子输出，打字机声音，自动换页时间为 2 秒，持续时间为 3 秒。

（3）为第二张幻灯片上的"太和门"建立超链接，链接到第五张幻灯片，并在第五张幻灯片上插入自定义动作按钮，文本设为"返回"，幻灯片放映时，单击返回第二张幻灯片。

扫一扫，观看 CCT 考试操作题视频

（4）为第三张幻灯片上的标题文字设置动画效果：回旋，在上一动画之后开始播放，持续时间为 3 秒。为幻灯片上其他内容设置动画：随机线条，方向垂直，持续时间为 3 秒，单击鼠标开始动画。

5. 本题文件所在文件夹 D:\exam\0732411050211\T7-1

启动 PowerPoint 2010，打开考生文件夹下的"中国古代四大发明.pptx"文件，按下列要求操作，将操作结果保存在原文件中。

（1）把第二张幻灯片与第一张幻灯片交换位置，并删除第三张幻灯片。将演示文稿主题设置为"跋涉"，把第一张标题字体设置为黑体。

扫一扫，观看CCT考试操作题视频

（2）将第一张幻灯片的纹理设置为"水滴"效果，为第二张幻灯片上的"火药"建立超链接，链接到第五张幻灯片。

（3）为第三张设置切换效果：随机线条，水平，打字机声音，自动换页时间为 3 秒，持续时间为 3 秒。

（4）为第六张幻灯片上的标题文字设置动画效果：飞入，自顶部，持续时间为 2 秒，单击鼠标开始动画。为幻灯片上其他内容设置动画：擦除，自右侧，持续时间为 3 秒，开始于上一动画之后。

6. 本题文件所在文件夹 D:\exam\0732411060203\T7-1

启动 PowerPoint 2010，打开考生文件夹下的"大学生创业.pptx"文件，按下列要求操作，将操作结果保存在原文件中。

（1）将演示文稿主题设置为"暗香扑面"，把第一张标题字体设置为隶书，交换第三张幻灯片与第二张幻灯片位置。

扫一扫，观看CCT考试操作题视频

（2）为第三张幻灯片的"与人交流"进行动作设置，单击链接到第四张幻灯片；为第三张幻灯片的"校园代理"建立超链接，链接到第五张幻灯片。

（3）为第三张设置切换效果：分割，中央向上、下展开，打字机声音，持续时间为 3 秒。

（4）为第四张幻灯片上的标题文字设置动画效果：浮入，上浮，持续时间为 2 秒，单击鼠标开始动画。为幻灯片上其他内容设置动画：飞入，自右侧，在上一动画之后开始动画，持续时间为 3 秒。

7. 本题文件所在文件夹 D:\exam\0732411070207\T7-1

启动 PowerPoint 2010，打开考生文件夹下的"中秋节.pptx"文件，按下列要求操作，将操作结果保存在原文件中。

（1）将演示文稿主题设置为"市镇"，第二张幻灯片的背景纹理设置为"羊皮纸"。

（2）为第一张幻灯片设置切换效果：涟漪，从右下部展开，捶打声音，自动换页时间为 2 秒，持续时间为 3 秒。

（3）为第三张幻灯片上的"猜谜"建立超链接，链接到第七张幻灯片，并在第七张幻灯片上插入自定义动作按钮，文字为"返回"，幻灯片放映时，单击返回第三张幻灯片。

（4）为第二张幻灯片上的标题文字设置动画效果：随机线条，在上一动画之后开始播放，持续时间为3秒。为幻灯片上其他内容设置动画：形状，缩小，持续时间为3秒，单击鼠标开始动画。

8. 本题文件所在文件夹 D:\exam\1522411010308\T7-1

启动 PowerPoint 2010，打开考生文件夹下的"泰山.pptx"文件，按下列要求操作，将操作结果保存在原文件中。

（1）将演示文稿主题设置为"网格"，第二张幻灯片的背景纹理设置为"画布"。

（2）为第一张幻灯片设置切换效果：百叶窗，水平，激光声音，自动换页时间为2秒，持续时间为3秒。

（3）为第二张幻灯片上的"进山口"建立超链接，链接到第六张幻灯片，并在第六张幻灯片上插入自定义动作钮，文字为"返回目录"，幻灯片放映时，单击返回第二张幻灯片。

（4）为第三张幻灯片上的标题文字设置动画效果：跷跷板，在上一动画之后开始播放，持续时间为3秒。为幻灯片上他内容设置动画：脉冲，整批发送，持续时间为3秒，单击鼠标开始动画。

9. 本题文件所在文件夹 D:\exam\1522311020219\T7-1

启动 PowerPoint 2010，打开考生文件夹下的"科学技术.pptx"文件，按下列要求操作，将操作结果保存在原文件中。

（1）将演示文稿主题设置为"跋涉"，并将第一张幻灯片的纹理设置为"水滴"效果，把第一张标题字体设置为黑体，颜色为红色［RGB(255，0，0)］。

（2）为第四张幻灯片上的"高新科技类"建立超链接，链接到第五张幻灯片，并为第六张幻灯片上的文字"返回分类"设置动作，单击返回第四张幻灯片。

（3）为第二张幻灯片设置切换效果：百叶窗，水平，风铃声音，自动换页时间为3秒，持续时间为3秒。

（4）为第五张幻灯片上的标题文字设置动画效果：飞入，自右侧，持续时间为2秒，单击鼠标开始动画。为幻灯片上其他文字设置动画：弹跳，持续时间为3秒，开始于上一动画之后。

10.5　计算机网络及网页制作

1. 本题文件所在文件夹 D:\exam\0732411010234\T8-1

利用考生考号文件夹中的素材，按以下要求制作或编辑网页，结果保存在原文件夹中。

（1）打开主页 index.html，按样张设置网页背景色为绿色（#5B8A00）；

在表格第1行中将前2个单元格合并，并在合并后的单元格内插入动画 chuntian.swf，设置该动画的宽度为450像素，高度为280像素。

扫一扫，观看 CCT 考试操作题视频

（2）在表格第1行的最后1个单元格中插入图片 mainroad.jpg，设置图片宽度为350像素，高度为280像素。

（3）设置表格最后 1 行中的"联系我们"链接到邮箱地址 support@mailbox.intel.com，设置表格下方的"立春"链接到名为 lichun 的书签（锚）。

2. 本题文件所在文件夹 D:\exam\0732411020201\T8-1

利用考生考号文件夹中的素材，按以下要求制作或编辑网页，结果保存在原文件夹中。

扫一扫，观看 CCT 考试操作题视频

（1）打开主页 index.htm，插入一行文字"2014 世界杯"，字体为隶书、红色（#FF0000），文字大小为 36 像素，对齐方式为水平居中，并在标题下面插入水平线，设置宽度为 95%，高度为 3，有阴影。按样张设置网页背景色为浅蓝色（#99CCFF）。

（2）在第一段的后面插入图片 1.jpg，设置图片宽度为 200 像素，高度为 200 像素，居中。

（3）在表格中的最下方插入一空白行，添加一行内容："关于我们 ｜ 联系我们 ｜ 网站地图 ｜ 友情链接"，设置该行的对齐方式为水平居中，设置"联系我们"链接到邮箱地址 wcup@worldcup.com。

【网页设计样张】

3. 本题文件所在文件夹 D:\exam\0732411030221\T8-1

利用考生考号文件夹中的素材，按以下要求制作或编辑网页，结果保存在原文件夹中。

（1）打开主页 index.htm，设置网页标题为"济南泉水节"，按样张设置网页背景色为浅绿色（#00FF99）。

（2）按样张在第 1 行第 2 列插入图片 1.jpg，设置图片宽度为 160 像素，高度为 260 像素。

扫一扫，观看 CCT 考试操作题视频

（3）按样张在表格下方添加水平线，并设置水平线的宽度为 75%，高度为 4 像素，红色（#FF0000），在水平线下方添加内容："友情链接 ｜ 网址导航 ｜ 联系我们"，设置该行的对齐方式为居中，设置"联系我们"链接到邮箱地址 exa@expo2011xa.com。

83

【网页设计样张】

4. 本题文件所在文件夹 D:\exam\0732411040204\T8-1

利用考生考号文件夹中的素材，按以下要求制作或编辑网页，结果保存在原文件夹中。

（1）打开主页 index.htm，按样张设置网页背景色为#D8C7B4。

（2）在表格第 1 列中插入动画 hzl.swf，并设置该动画的宽度为 300 像素，高度为 250 像素。

（3）设置网页右下角的"联系我们"链接到邮箱地址 hanzhongli@163.com；设置网页右下角的"页首"链接到名为 top 的书签（锚）。

扫一扫，观看 CCT 考试操作题视频

【网页设计样张】

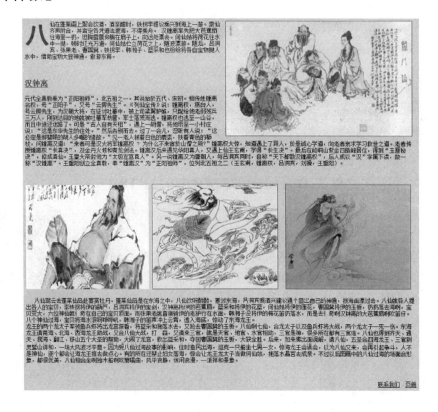

5. 本题文件所在文件夹 D:\exam\0732411050211\T8-1

利用考生考号文件夹中的素材，按以下要求制作或编辑网页，结果保存在原文件夹中。

（1）打开主页 index.htm，在第一行第二列插入动画 3.swf；设置该动画的宽度为 300 像素，高度为 160 像素。

（2）将第 2 行的"中秋赏月"超链接到 sy.htm；"千里相思"超链接到 xs.htm。

扫一扫，观看 CCT 考试操作题视频

（3）将第 3 行第 1 列中插入图片 pic.jpg；设置图片宽度为 230 像素，高度为 320 像素，居中对齐；设置"南斋玩月"所在单元格中的文字水平及垂直方向居中对齐。

【网页设计样张】

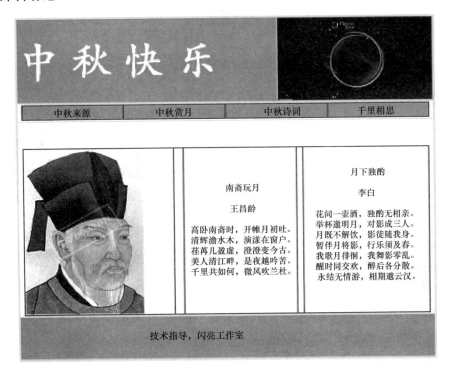

6. 本题文件所在文件夹 D:\exam\0732411060203\T8-1

利用考生考号文件夹中的素材，按以下要求制作或编辑网页，结果保存在原文件夹中。

（1）打开主页 index.htm，在第 1 行第 2 列插入一幅图片 2.gif；设置图片大小为宽度 150 像素，高度 150 像素；将第 2 行单元格背景颜色设置为浅橙色（#99CC00）。

扫一扫，观看 CCT 考试操作题视频

（2）将第 3 行第 2 列中的"动画世界"文字链接到网页 dhsj.htm 上；将"玩转木马"文字链接到网页 wzmm.htm 上，并设置在新窗口打开；将第 3 行第 3 列插入动画 tao.swf，并设置该动画的宽度为 300 像素，高度为 254 像素。

（3）将邮箱地址超链接到 dan2006@163.com。

【网页设计样张】

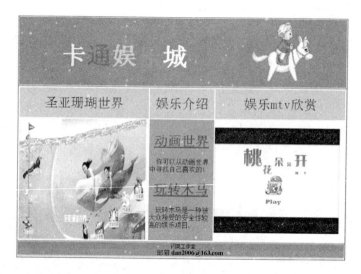

7. 本题文件所在文件夹 D:\exam\0732411070207\T8-1

利用考生考号文件夹中的素材，按以下要求制作或编辑网页，结果保存在原文件夹中。

（1）打开主页 index.htm，设置网页标题为"雪花"；按样张设置网页背景色为浅灰色（#EEEEE8）。

（2）将表格的第 1 列中插入图片 xuehua.jpg，并设置图片宽度为 430 像素，高度为 300 像素；设置表格第 2 列中的"雪花"题目加粗、倾斜，并居中对齐；将节气列表的第 1 行背景颜色设置为土黄（#996600），并将其中的文本设置为水平居中及垂直、居中、对齐。

扫一扫，观看 CCT 考试操作题视频

（3）将最后一行的"联系我们"链接到邮箱地址 xuehua@163.com；设置"下一篇"超链接到 xue.htm。

8. 本题文件所在文件夹 D:\exam\1522311030252\T8-1

利用考生考号文件夹中的素材，按以下要求制作或编辑网页，结果保存在原文件夹中。

（1）打开主页 index.html，设置网页标题为"个人文集"，按样张设置网页背景为淡蓝色（#E9FBFF）。

（2）在左侧文字"我的日记本"上面插入图片 selfpic1.jpg，并设置图片宽度为 100 像素，高度为 150 像素。

（3）给"我的日记本"插入超链接，链接到网页 riji.html，网页以新窗口方式打开。设置左侧文字"欢迎来信！"链接到邮箱地址 support@mailbox.intel.com。

【网页设计样张】

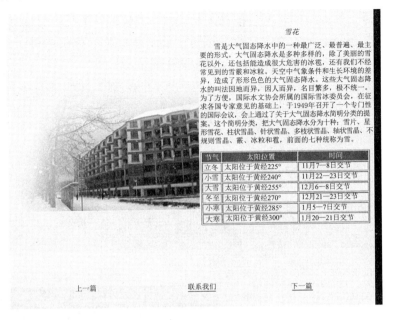

【网页设计样张】

9. 本题文件所在文件夹 D:\exam\1522311050213\T8-1

利用考生考号文件夹中的素材，按以下要求制作或编辑网页，结果保存在原文件夹中。

（1）打开主页 index.htm，将第一行的标题背景设置为蓝色（#0099FF）；在标题的下方添加水平线；设置水平线高度为 1 像素，宽度为 954 像素。

（2）在表格中文字右边的单元格中插入图片 che.jpg；设置图片宽度为 520 像素、高度为 350 像素。

（3）设置最后一行中的"友情链接"链接到网页 lianxi.htm。

【网页设计样张】

联系我们　　友情链接

10.6　数字多媒体技术基础

1. 请在模拟环境中完成题目，具体要求见模拟系统界面

注意：此题目必须在模拟环境中完成，不能修改你正在使用的真实操作系统的数据！

单击"做题"按钮，进入模拟题环境。

扫一扫，观看 CCT 考试操作题视频

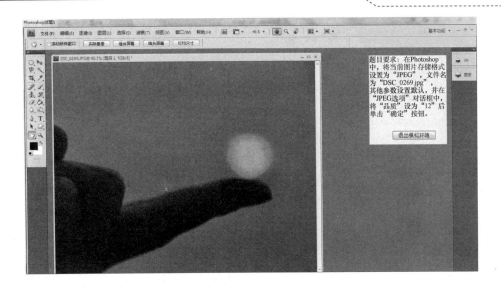

2. 请在模拟环境中完成题目，具体要求见模拟系统界面

注意：此题目必须在模拟环境中完成，不能修改你正在使用的真实操作系统的数据！
单击"做题"按钮，进入模拟题环境。

3. 请在模拟环境中完成题目，具体要求见模拟系统界面

注意：此题目必须在模拟环境中完成，不能修改你正在使用的真实操作系统的数据！
单击"做题"按钮，进入模拟题环境。

扫一扫，观看 CCT 考试操作题视频

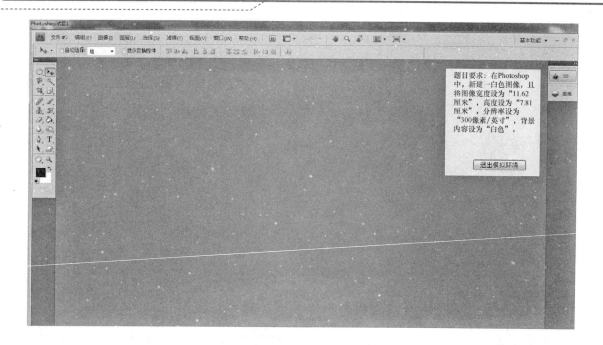

10.7 信息安全

1. 请在模拟环境中完成题目,具体要求见模拟系统界面

注意:此题目必须在模拟环境中完成,不能修改你正在使用的真实操作系统的数据!

单击"做题"按钮,进入模拟题环境。

扫一扫,观看 CCT 考试操作题视频

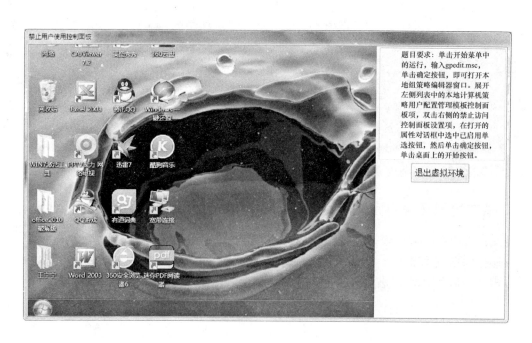

2. 请在模拟环境中完成题目，具体要求见模拟系统界面

注意：此题目必须在模拟环境中完成，不能修改你正在使用的真实操作系统的数据！

单击"做题"按钮，进入模拟题环境。

扫一扫，观看CCT考试操作题视频

3. 请在模拟环境中完成题目，具体要求见模拟系统界面

注意：此题目必须在模拟环境中完成，不能修改你正在使用的真实操作系统的数据！

单击"做题"按钮，进入模拟题环境。

扫一扫，观看CCT考试操作题视频

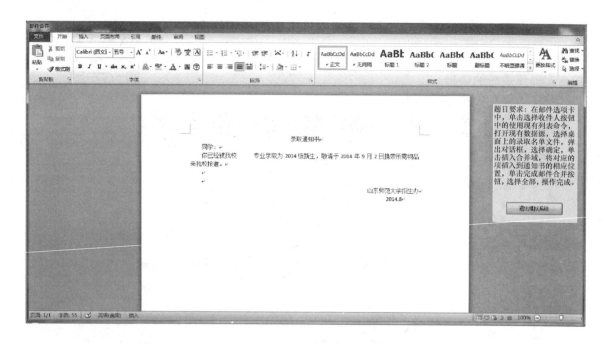

4. 请在模拟环境中完成题目,具体要求见模拟系统界面

注意:此题目必须在模拟环境中完成,不能修改你正在使用的真实操作系统的数据!单击"做题"按钮,进入模拟题环境。

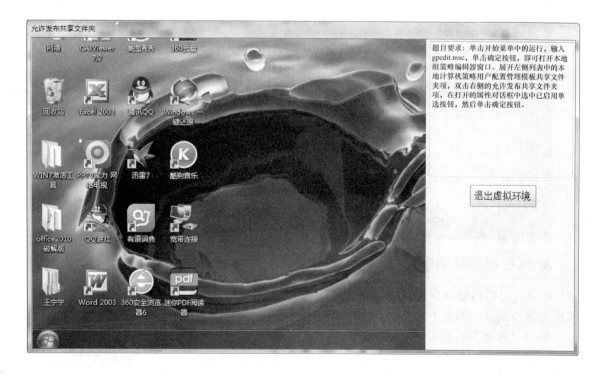

5. 请在模拟环境中完成题目，具体要求见模拟系统界面

注意：此题目必须在模拟环境中完成，不能修改你正在使用的真实操作系统的数据！

单击"做题"按钮，进入模拟题环境。

扫一扫，观看CCT考试操作题视频

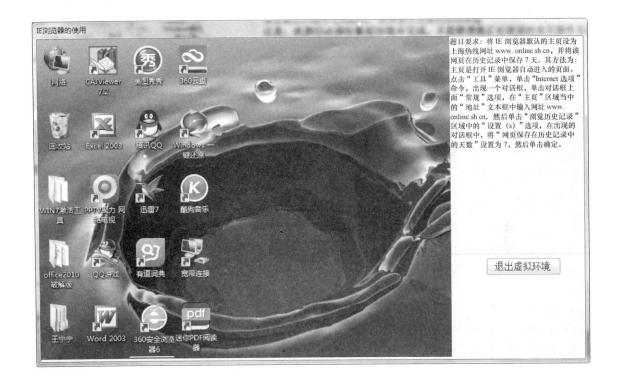